大數據數位轉型時代

ESG

品牌創新六部曲

高端訓　陳雅言——著

為什麼要寫這本書？

大數據時代來了，品牌的思維及論述也要改變！

品牌的書很多，但是還來不及把「平台新經濟」、「ESG」永續概念，融

合在「品牌理論」中，而這三件事是主導未來品牌成敗的關鍵！

1. 本書融合我職涯建立品牌、管理品牌的經驗

2. 本書融入我輔導企業大數據數位轉型的經驗

3. 本書試圖幫助你在新經濟ESG時代建立品牌

這就是我寫這本書的起心動念！

謹以此書獻給大數據時代，仍然相信品牌、需要品牌的你！

https://lihi1.cc/A7xmd/book

歡迎加入LINE讀者交流社群，

我每天在這裡分享一個觀點（或一件事／一則訊息）。

ESG品牌必然成為主流，
ESG品牌創新必然成為企業核心能力

| 文／台灣大哥大總經理、AppWorks 董事長暨合夥人　林之晨

　　品牌是價值觀的投射。21 世紀進行至此，人們已開始檢討過度工業化、全球化、股東獲利最大化，對環境、社會，以及治理所帶來的結構性問題。其中，淨零碳排路徑、逆轉氣候變遷、阻止全球跨越升溫 1.5 度的死亡線，尤其是這些議題的重中之重。

　　往前走，愈來愈多消費者，尤其是對品牌尚未養成盲目忠誠的年輕一代，在做購買決策時，會偏向選擇體現 ESG 價值的品牌，而唾棄因一己之私產生過度外部性的企業。

　　因此，我的好友、品牌經營大師高端訓，在此刻為所有品牌主、經營者，乃至於社會企業、非營利組織的領導者，整理出這本 ESG 品牌創新，真是不可多得的及時雨。

　　他融合了數十年品牌經營實務經驗，以及對 ESG 精闢的見解，為大家擘畫出完整的短、中、長期思考與行動框架。

　　我覺得本書幾乎可比喻為 ESG 時代，品牌經營的孫子兵法，因為它內容的字字句句，都值得經營者咀嚼、琢磨。以下是本書中，我畫雙重紅線的重點：

　　第一部「ESG」品牌定義：既有的品牌可以思考，如何修改願景，讓它具有永續 ESG 的概念，回應時代的需求；新創企業可以從 ESG 的各個

面向，找到創業的想法，做出對人類更有意義的事情。但要讓消費者有這樣的聯想，絕對不是偶爾做一、兩件善事，必須持之以恆，累積口碑及好感度，最後才能於平常的生活中，產生對品牌的正面聯想。

第二部「5方向品牌創新」：消費者產生購買行為，不是因為你做了什麼產品！而是你為什麼做了這樣產品！你創業的目的、你的出發點、你的信念、為什麼你的品牌需要存在。大家都想成立一家會賺錢的公司，但賺錢是結果。一開始的品牌理念，將是決定結果的重要關鍵。

第三部「2階段建構品牌」：品牌承諾，就是從品牌帶給消費者的產品屬性、品牌利益、品牌個性、品牌體驗四項因素的萃取與總和，更是品牌定位的核心價值。品牌承諾並不是憑空想象，它的形成也要同時滿足企業觀點、競爭觀點與顧客觀點。

第四部「10大品牌行動」：經營品牌，就如同射飛鏢，而「紅三角酷」就是那個靶心；如何射中靶心，就要焦點深耕，任何與「紅三角酷」相衝突或造成傷害的做法都要被排除。「紅三角酷」代表的三個經營層面，必須在品牌定位的最高指導原則下進行，也就是產品研發、顧客服務及氛圍體驗，必須遵循品牌定位的指導，不是隨著經營者的個人喜好而做。

第五部「6大品牌定位溝通策略」：品牌定位策略，就是要為你的品牌，在消費者心目中佔據一個獨特的位置，而且這個位置是競爭對手無法取代的，當消費者有需求產生，馬上想到你的品牌，那你就算有了一個成功的品牌定位。一個平台品牌的建立，必須兼顧平台交易的使用者介面、供給方、需求方，而這就是平台品牌成功的金三角。

第六部「9大品牌成長策略」：做到成功的品牌擴張，至少要考慮三

個條件：通過消費者的認知檢驗、擁有雄厚的品牌資產，以及龐大的企業資源為後盾。條件符合愈多，成功機會愈大。品牌延伸失敗例子很多，主因通常在於企業推出新產品時，並沒有了解品牌價值核心，導致消費者對原品牌定位模糊，甚至影響原來品牌在消費者心目中之形象，導致品牌稀釋之現象。多品牌策略要成功，就是要有能力進行多品牌定位，因為所有的品牌都需要獨立的面對消費者，與競爭者一較長短。

真心想在 ESG 時代，把品牌經營好的領導者，在讀完以上每一段書摘後，應該都會想趕緊打開該段落去深入了解，並回頭檢視自己的策略與執行。本書就是如此豐富而深厚，真該感謝高兄願意為大家整理出來，是對品牌經營領域，非常重大的貢獻。

品牌當然要跟上潮流

| 文／政治大學企業管理學系特聘教授　別蓮蒂

　　高端訓老師的著作，我向來必定拜讀。本書有著高老師一以貫之的清晰架構與易讀文字，再加上另一位作者陳雅言提供的豐富資料，閱讀起來輕鬆愉快、又收穫滿滿。

　　本書結合當下經營品牌的兩大重要議題：ESG與平台經濟。ESG是企業社會責任的執行與檢驗面向，反映在品牌管理上，一家重視ESG的企業，可以形塑出肩負環境保護、社會責任的良好品牌形象，遠超過一般品牌強調的品質好、服務好，或是只是可靠這類產品基本功能面的訴求，在全球ESG大趨勢的浪潮下，建立更具環境保護、社會關懷的品牌精神。

　　大數據時代，平台經濟崛起，如果只有實體品牌的論述，沒有平台品牌建構的觀點，尚缺一角；本書提出實體品牌與平台品牌的建立差異，舉證線下與線上品牌的例子，建構完整的品牌創新模式。

　　品牌，是經營企業的重要成果展現，當企業管理都在談ESG和數位轉型之際，品牌管理當然也得跟上，必須體現ESG的精神與新經濟的思維。作者的豐富實務經驗，在此重要趨勢浪頭上，第一時間為行銷人提供這本書，協助品牌經理快速建立新思維。

　　這是一本架構、內涵兼具的品牌管理新觀念參考書。閱讀這本書最特別的經驗，是在本書初步成形之際，就收到高端訓老師邀約寫序；之後得以逐章搶先拜讀，有點像是順著作者的思維邏輯慢慢散步同行，因此更能

夠體會作者架構此書的初衷和理想。

　　因為有著這層特別的體驗，建議讀者可以先從目錄和作者提供的架構圖著手，大方向掌握本書的精神以及各章節的切入點，再細細品嘗每一主題的內容和範例，相信閱讀完會更有深層的收穫。

　　希望經由本書的推動，每個品牌都能更結合平台新經濟思維，且融入更豐富的ESG品牌精神。

ESG劃下品牌創新的新頁

│文／安侯永續發展顧問股份有限公司董事總經理　黃正忠

　　我與端訓兄因CSR而認識，他的過去我沒機會參與，卻因為ESG讓我們重逢，而有此榮幸參與了ESG與他的品牌創新之路。

　　與端訓兄結識起始於2015年，他時任王品集團的品牌總經理，當時我的團隊為王品集團執行CSR報告書的顧問服務。沒想到在多年以後，我的團隊為連鎖加盟促進協會執行ESG與社會創新顧問服務之際，與他有了新的交集，而他已經在大數據行銷領域打下一片江山。

　　這本書能夠從ESG的角度透視品牌創新，解構ESG如何賦能品牌，將ESG的核心要素內化到品牌定位、行動、溝通與成長中，正是能參透ESG、善用ESG以及實踐ESG的典範，能這樣闡釋ESG，在台灣端訓兄是第一人。

　　今天ESG成顯學、氣候變遷加速惡化與淨零趨勢來勢洶洶，致使企業開始浮現「綠電焦慮」和「碳焦慮」，其實均非一日之寒。

　　1990年，全球開始討論環境危機與經濟發展的拉鋸；2000年，社會危機與經濟發展的爭端浮現；2010年，世界金融海嘯則引發人們審視唯利是圖、自掘墳墓的既有商業模式；2020年，直接讓人們見證環境與社會危機反撲帶來的新冠疫災癱瘓世界之威力。

　　環境、社會、經濟治理（ESG）的警鐘都狂響過了，人們依然故我，似乎是就只剩「集體滅亡」看能否讓大家覺醒了；而新冠疫災，正是2020

到2030全世界無差別災難的首部曲。

　　環境與社會風險已成為前五大世界的風險，過去的「在商言商」也不得不向「在商言環境與社會」靠攏。ESG鋪天蓋地而來，正是因為世界亟需企業為人類的未來尋找解藥。

　　要活，得變；思變，不只在避險，能成大器者，更重要在成為解方提供者。明日的品牌，得為永續的解方點燈照路。

　　這本書將會是一本空前的指引，值得讀者一同探索品牌創新的新頁！

追求好品牌的5個信念

　　品牌的理論及書籍滿街都是，為什麼好品牌還是這麼難尋？

　　品牌的理論，是方法論。再好的方法，如果沒有心法，也練不出上乘武功！練成上乘武功，也無以為繼！

　　有一次在企業的演講，我分享管理品牌的五個信念，該企業創辦人非常欣賞，事後也在公司做了大字報，鼓勵同仁追求好品牌。事實上，這五個信念，不只是用在品牌經營，也可以用在追求傑出的工作！

　　這五個信念是：

　　「**我們堅持：一切努力都是為了品牌！**」這句話看似容易，做到很難。也就是，以品牌為導向，做每一件事情都要能為品牌加分，「品牌定位」則是檢驗一切作為的最高指導原則，從產品研發、服務特色、店鋪氣氛、行銷活動等十大品牌行動，都必須環環相扣，並保持一致性。

　　經營品牌最大的問題，在於企業的作為容易偏離品牌定位，甚至為了短期利益而傷害品牌，而且最容易發生在一開始的產品研發，從產品失焦（比如什麼都賣），到最後所有的行為都遠離核心價值。這也就是為什麼我會將「一切努力都是為了品牌」擺在第一條。

　　「**我們追求：最好的還沒生出來。**」有一次我在跟經營團隊簡報後，脫口說出「我最好的還沒生出來」（台語），一位高階主管立即說，不是最好的你幹嘛要來提案。我解釋，這是目前的想法，回去後會繼續思考，有更好的創意會再提案，才讓提問的主管釋懷。（我也在活動前再提案，

推翻先前想法，結果活動大成功，得到7部SNG車轉播報導。）

　　品牌管理團隊有這樣的價值觀，才會不斷的自我挑戰，在執行前有更好的想法，只要時間來得及，都可以改變；團隊可能會不習慣，只要結果好，最後大家都可以接受，我現在經營協會也是這樣做。

　　「**我們認為：過去做的不一定對。**」當一個主管空降到公司，無論你要做什麼，你的同仁或同僑都會好心的告訴你，以前我們都是那樣做，而質疑你為什麼要這樣做？這時你要費很多唇舌做解釋，最後我只好跟大家說，因為目前環境已經不同，所以過去做的現階段不一定對。

　　這句話還有一個沒有說的重點，就是沒說以前是錯的，也就是沒有否定前人的努力，因為以前的資源一定跟現在不一樣，不能拿來相提並論。建立這樣的共識後，就不會有人一直說「以前怎樣」。

　　「**我們努力：貼近消費者的生活。**」要能產生令對方「有感覺」的點子，一定要能站在對方的立場著想，甚至能「預測」對方的行為。所以，品牌行銷人員一定要對人有興趣、對事物感到好奇。為了增加生活體驗，我也曾經舉辦電玩營、看電影、戶外活動等讓團隊去玩。

　　品牌行銷人員，坐在辦公室，每天對著冷冰冰的數字，是不會有好的創意。只有增加生活體驗，貼近消費者的生活，才是瞭解消費者的不二法門。

　　「**我們相信：凡事沒有不可能。**」大部分人都是保守的，只要你提到不同於以往的做法，他會先跟你說「不可能」，最後可能在主管的壓力下，才願意接受，這時候已經輸了態度，給人沒有求新求變的印象，何不在一開始的時候就說，我來「試試看」、「想看看」？

　　當有人說「不可能」，我就會說「政府有規定嗎？」「既然政府沒規

定，那就可以試試看。」如果我們相信凡事沒有不可能，便有機會突破自我的框框，超越前人的做法。

這五個信念，加上本書的內容，是建立永續品牌的條件！

PS：本書完成，感謝共同作者陳雅言，協助編撰及校閱。

全書地圖

6大品牌定位溝通策略的演進

USP 策略 → 品牌形象策略 → 品牌個性策略 → 品牌定位策略 → 品牌權益策略 → 平台品牌策略 → 品牌創新

2階段構建品牌

ESG 賦能品牌 → 5方向創新品牌

全球品牌管理模式

品牌創新模式 PPCB → 品牌內涵 BrandInsight

10大品牌行動 → 9大品牌成長策略 → 品牌創新

大數據平台 × 新經濟概念

目錄

為什麼要寫這本書？ 002

推薦序　ESG品牌必然成為主流，

　　　　ESG品牌創新必然成為企業核心能力　　林之晨 003

推薦序　品牌當然要跟上潮流　　　　　　　　別蓮蒂 006

推薦序　ESG劃下品牌創新的新頁　　　　　　黃正忠 008

自序　　追求好品牌的5個信念 010

全書地圖 013

第 I 部　ESG賦能品牌

1.1　大數據時代，為什麼我們仍需要品牌？ 020

1.2　五個經典的品牌定義 025

1.3　ESG取代EPS 030

1.4　ESG是讓企業賺錢的CSR 036

1.5　ESG消費者驅動 041

1.6　ESG賦能品牌 047

第 II 部　5方向創新品牌

2.1　品牌創業與生意創業的差異　　　　　052

2.2　品牌創業的五個關鍵問題　　　　　　057

2.3　如何評估你的創業想法是否可行？　　063

第 III 部　2階段建構品牌

3.1　全球的品牌管理模型　　　　　　　　070

3.2　品牌創新管理模型PPCB　　　　　　076

3.2.1 如何定義差異化的產品屬性？　　　083

3.2.2 如何定義產品屬性衍生的品牌利益？　086

3.2.3 如何定義目標客群認同的品牌個性？　090

3.2.4 如何創造具有記憶點的品牌體驗？　094

3.2.5 如何提供消費者長期的品牌承諾？　099

第 IV 部　10大品牌行動

4.1　紅三角酷　深耕品牌　　　　　　　　104

4.2　平台品牌成功金三角　　　　　　　　110

4.3　十大品牌行動　　　　　　　　　　　114

　4.3.1 品牌命名　贏在起跑點　　　　　118

　4.3.2 發展品牌識別　最佳吸睛資產　122

　4.3.3 店鋪音樂　創造空間生命力　　125

　4.3.4 裝潢氛圍　決定對象　　　　　128

　4.3.5 服務態度　讓品牌個性化　　　132

　4.3.6 服裝儀容　強化品牌形象　　　135

　4.3.7 產品研發　也要品牌定位　　　138

　4.3.8 好產品也要命名　　　　　　　141

　4.3.9 產品包裝再加分　　　　　　　145

　4.3.10 行銷活動維持一致性　　　　　149

第 V 部　6大品牌定位溝通策略

5.1　USP 定位策略　　　　　　　　　　154

5.2　品牌形象策略　　　　　　　　　　158

5.3 品牌個性策略   162

5.4 品牌定位策略   166

5.5 品牌權益策略   171

5.6 平台品牌策略   180

第 **VI** 部   **9**大品牌成長策略

6.1 品牌擴張的條件   192

6.2 品牌聚焦策略   198

6.3 產品線延伸策略   202

6.4 品牌延伸策略   205

6.5 副品牌策略   211

6.6 多品牌策略   216

6.7 品牌加盟策略   221

6.8 品牌併購策略   224

6.9 品牌垂直整合策略   229

6.10 品牌水平發展策略   233

ESG品牌創新六部曲

誰適合讀這本書？

1. 想要應用ESG為品牌賦能，讓品牌受到年輕世代歡迎！
2. 想要學習多品牌、平台品牌定位策略，品牌管理實務。
3. 想要探索各種品牌成長策略

有兩種人不適合讀這本書：

1. 想要學習如何節能減碳
2. 想要學習成為永續管理師

ESG賦能品牌

ESG

Environmental
Social
Governance

Apple   ZARA
Google   UNIQLO
NIKE   Walmart
adidas   IKEA
H&M   Mercedes

1.1 大數據時代，
為什麼我們仍需要品牌？

隨著網路的興起，許多一夕間爆紅的電商品牌、網路商店、網紅、部落客等成為行銷上受到熱烈討論的案例，許多數位行銷公司應運而生，為銷售或行銷提供解方。

「所以，在這個行銷方式翻轉的大數據時代，我們還需要品牌嗎？」我覺得這是個很好的課題，也是在目前眼花撩亂的行銷方式中，需要釐清的重要課題。

選擇聲譽良好的品牌無疑是一種省時、可靠又不冒險的決定，因為顧客長期對於品牌的信任關係，在產品更迭快速且競爭激烈的網路時代，品牌更成為企業長期經營，牢不可破的核心價值。

舉個簡單的例子，面對雙11來臨的家電大特價，剛好要買一台掃地機器人，電商平台上的產品琳瑯滿目，從2,000元到20,000元的選擇眾多，你會怎麼選擇？

如果是我，我應該會先上網瀏覽過一次所有的掃地機器人選擇，搜尋各家產品的評論，因為掃地機器人，在乎的不外乎是其品質、壽命、保固，那些從來沒有在我腦海中建立過品牌印象的，在第一輪就被掃地出門。

進一步，再針對我認可的品牌進行產品比較，進而在最優惠、友善、

信賴的平台下單，這應該是大部分人簡單的購物流程。

　　高價值、高關心度的產品，品牌對消費者所產生的影響力就愈強大，在這個競爭激烈的大數據時代，仍然不會改變。

　　然而，什麼時候我們可以不需要品牌？

　　我認為在下列的狀況下，你有可能在經營決策時，根本不需要考慮品牌：

（1）　獨佔或寡佔的事業（例如水、電、油），因為沒有選擇或選擇很少，所以擁有者不需要花錢經營品牌討好消費者。

（2）　人均GDP 3,000元以下的新興市場，因為連三餐溫飽都是問題，國民需要的是基本的滿足，不會去追求能夠彰顯個性化、自我實現的品牌。

（3）　當你的產品有足夠差異化，而且有獨門技術或專利的保護，不怕外來競爭，就是所謂的產品為王（Product is hero）。

（4）　當你只想做短期生意或者發機會財，例如疫情期間大發口罩、酒精財，大賺一票就走人，這時候也不需要品牌。

（5）　當你的經營採取低成本策略，而且產品絕對是市場上成本最低的，可以打出最低價，不畏價格戰，很多在夜市賣的產品都是屬於這一種。

　　雖然符合以上五點可以不需要品牌，不過很多企業為了長期經營，維持消費者關係，仍然會往品牌的路上走，例如電力公司為了營造好的社區關係，經營品牌形象，建立好感度；小米手機雖然具有成本優勢，仍然努力經營品牌與米粉的關係，不斷延伸產品線。

那麼，大數據時代品牌需要什麼養分，品牌又扮演了什麼角色？

我認為未來經營品牌，需要具備「大數據能力」及「ESG養分」，分述如下：

首先，你需要具備大數據管理的能力。

你身處的大數據時代，品牌也產生了變種，除了傳統的實體品牌（如星巴克、可口可樂），現在多了大數據品牌（如Amazon、Uber Eats），這些品牌背後坐擁大數據金礦[1]。

在過去實體通路時代，我們需要從通路端集結顧客消費資訊，利用不即時的資料進行分析，發展策略；同時對於策略的判斷，也摻雜許多個人經驗與偏好。

現在的數據不再難以取得，**透過行銷科技（MarTech）的應用[2]，消費者的行為數據可以追蹤，顧客的360度樣貌可以描繪，當大家都坐擁數據，考驗的就是品牌經營者如何善用數據，讓品牌如虎添翼。**

在這個大家都講快品牌的時代，大數據提供我們更精準、快速的方式確認目標、擊中靶心。品牌經營者與行銷人，更應該坐擁大數據金礦的時代，積極培養數據思維與能力，即使數據源源不絕，最終仍然要人來解讀，並轉化成具有品牌價值的策略與行動。

大數據時代，建立品牌需要大數據，也用大數據來經營品牌！

1　請參考作者的另一本書《以MarTech經營大數據會員行銷》，時報出版。

2　請參考AMT亞太行銷數位轉型聯盟協會官網訊息：http://www.amt.org.tw/

其次，21世紀的品牌需要具備ESG永續概念。

相信你已經在生活中感受到，在環境上（Environmental），地球正在跟人類抗議，一下子加州大火、德國水災、歐洲熱浪來襲，因為人類的過度開發、消費，地球已經承受不了；在社會上（Social），人們要求更多的參與、包容多元、關懷弱勢等；在公司治理上（Governance），不能只是為了利潤，六親不認，企業需要做到股東、消費者、員工、供應商、社區、環境六贏的局面。

新一代的投資者、消費者，尤其是主導未來的Z世代，更重視企業與品牌是否具備了ESG的內涵。未來10年，不具備ESG概念的品牌將被弱化，含有ESG概念的品牌也將大受歡迎。（ESG概念的品牌在後續幾篇文章，會進一步論述。）

回到一開始的問題：「大數據時代，為什麼我們仍需要品牌？」

在大數據時代，品牌的行銷手法百花齊放；但是品牌的選擇，令人無所適從。沒有品牌中心思想的品牌行銷手法，讓品牌迷失方向，淪為價格競爭。

20世紀末期，網路崛起，全球最大的廣告主P&G、Unilever等廣告巨頭，每年投入數位廣告的預算都大幅增加，而天馬行空的創意，缺乏品牌的中心思想，不只對品牌的增值有限，而且很多跟促銷、打折有關係，最後也導致了不斷的價格戰，P&G最終宣佈，重新調整行銷資源的戰略分配。經過了20年的發展，企業界終於發現，行銷不能光放任創意在網路上橫行，而與品牌無關。

雖然大數據、ESG的發展與崛起，但是你也不用太擔心。**未來品牌只**

會更重要，建立品牌的中心思想（如品牌定位、品牌承諾的重視）一直沒有改變，只是建立品牌需要ESG的養分，經營品牌需要大數據的能力，缺一不可！

1.2 五個經典的品牌定義

　　每天起床用高露潔的牙膏、刷樂的牙刷、拿起蘋果的手機、聽著Sony音響播放的音樂、看著TVBS的新聞、吃著麥當勞的早餐、喝著星巴克的咖啡、提著Coach的包包等等，每天從開始到結束，你可能沒有認真計算過，每個人一天會接觸到多少個品牌？根據國際研究，大約是3,500個！在這個被品牌佔據與滲透的時代，消費者一切的選擇看似無意識地進行，其實絕大多數都是在品牌潛移默化下形成的。

　　「品牌」建立一直是個顯學，不只高金額的產品，如精品、汽車、房子需要品牌，日常生活常用到的柴、米、油、鹽、醬、醋、茶也都存在多品牌的選擇與競爭。然而，現在企業重視的品牌觀念，到底是怎麼產生？何時開始？

　　「品牌」Brand的英文原意是「用鐵燒到紅」，最早的出現是在西元前2700年前，使用於牛隻的烙印，以便分辨牛隻的歸屬者。西歐市場上品牌的概念起源於19世紀包裝零售產品的出現，到了21世紀，品牌概念則被更廣泛的應用在服務、甚至人物、政黨等。[3]

　　品牌到底是甚麼？品牌的定義學派相當的多元，學術上對品牌的定義不下百種，站在實務品牌管理者的角度，我特別喜歡以下的五個品牌定義：

3　https://en.wikipedia.org/wiki/Brand

第一個經典的品牌定義，是由奧美廣告的創辦人奧格威（David Ogilvy）於1955年所提出：「**品牌是無形產品屬性，包括名稱、包裝、價格、歷史、聲譽以及廣告的總和。**」[4]他進一步指出：「消費者會憑著對品牌使用者的印象，以及自身的經驗來定義品牌。」

對我來說，這個在60年代所提出的定義，至今仍相當受用。LOUIS VUITTON的品味時尚、Apple的創新求變、TESLA的綠能突破、麥當勞的溫馨快速……消費者對這些品牌的認知，絕不單只是來自於其有形的產品或包裝，還包括企業長期累積的聲譽、廣告、環境友善、社會關懷等無形的資產，同樣對品牌產生舉足輕重的影響力。

第二個經典的品牌定義是由品牌大師艾克（David Aaker）所提出，他曾經出版超過10本關於品牌的書籍。艾克對於品牌的定義主要從財務端出發，他認為品牌可以是資產也可以是負債，也就是品牌權益（Brand Equity）：「**品牌權益是一組連結品牌名稱與符號的品牌資產及負債，透過產品與服務，去提升或減損給公司或顧客的價值。**」[5]

艾克認為品牌權益的高低，主要取決於五個主要因素，包含品牌忠誠度（Brand Loyalty）、品牌知名度（Brand Awareness）、品質認知度（Perceived Quality）、品牌聯想（Brand Associations）及其他具專屬性的品牌資產（Other Proprietary Brand Assets）。艾克認為品牌要將資源投資於這幾個要素，品牌權益才能有所提昇，創造出品牌的價值。

4　原文：The intangible sum of a product's attributes: its name, packaging, and price, its history, its reputation, and the way it's advertised.

5　原文：Brand equity as the set of brand assets and liabilities linked to a brand, its name and symbol, that add to or subtract from the value provided by a product or service to a firm and/or to that firm's customers.

品牌顧問公司Interbrand每年評選出全球100大品牌價值排行，而評斷的標準，除了品牌知名度，一個品牌必須至少有三分之一的營收來自海外，更必須在顧客基礎外仍然名聲響亮，還必須擁有可供公開取用的行銷與財務資料。[6]

第三個經典的品牌定義，是由擁有超過3萬名會員組成的行銷專業組織，美國行銷協會（AMA, American Marketing Association）所提出：「**品牌是一個名稱、名詞、設計、符號，或任何用以分辨一位銷售者與另一群銷售者的產品和服務差異的特徵。**」[7]

這個定義強調品牌是具體表現的群體象徵，而最重要的目的在於與競爭對手產生差異。為什麼有的消費者選擇星巴克，有的選擇cama？為什麼有的消費者選擇NIKE，有的選擇adidas？這一連串的選擇，就是品牌差異化的具體顯現。

第四個經典的品牌定義，則由《The Simple Art of Greatness》一書的作者墨林（James X. Mullen）所提出，也是我最喜愛的定義之一：「**當一個人偶遇這家公司的商標、產品、總部或公司任何具代表性的設計時，心中產生的所有思想、感覺、聯想及期望的總和，不多不少就是這些。**」[8]

我覺得這是個很貼近實務管理的品牌定義，當提到IKEA，你會聯想到性價比高的時尚家居；提到新加坡航空，優異的服務品質讓你覺得相當舒服；提到UNIQLO，平價的快時尚印入腦海；這就是墨林這個定義的精髓。從消費者的觀點，她／他對你的品牌聯想是甚麼？對你的品牌期待又

6　Best Global Brands 2020 Methodology （https://reurl.cc/e33xYR）

7　原文：A name, term, design, symbol, or any other feature that identifies one seller's good or service as distinct from those of other sellers.

8　《The Simple Art of Greatness》（https://reurl.cc/Yvv1xo）

是甚麼？就是品牌終其一生努力想要去創造的品牌聯想。

第五個品牌的定義，是我總結過去在奧美集團服務時為客戶建立品牌，以及在王品集團服務時為企業建立多品牌的心得，是完全從實務操盤中所啟發的定義：「**一個品牌的形成，正是消費者從眼睛所看到的、耳朵所聽到的、鼻子所聞到的、舌頭所品嘗到的、身體所接觸到的、情感所感受到的所有體驗的總和。**」

這就是以六感體驗來定義品牌，更符合現在所強調的，以消費者體驗來建立品牌的趨勢，也就是企業在建立品牌時，可以從眼、耳、鼻、舌、身、意六個面向，具體落實給消費者的體驗！

事實上，各家品牌定義不同，但是殊途同歸，最終回到消費者怎麼看待你，因為品牌是活在消費者心中，不是企業的口中。所以，你也可以這樣看待，品牌就如同一個人，當你不在現場時，別人如何評價你？這就是你的品牌了！

從有品牌概念以來，品牌的定義就從一個簡單的商標設計（Logo），隨著社會的成熟度提高，企業為品牌所做的一切由內而外都在形塑品牌，最終形成消費者對品牌的所有思想、感覺、聯想及期望。

第III部中將更明確講述、拆解品牌塑造的每個層面及做法。品牌重要性不會因時代而改變，但內涵與做法卻可與時俱進，就如同我們於1.3提到的ESG概念，我深信這將是未來形塑品牌的重要核心價值。

✐ 品牌筆記

以六感體驗來定義品牌,更符合現在所強調的以消費者體驗來建立品牌的趨勢,也就是企業在建立品牌時,可以從眼、耳、鼻、舌、身、意六個面向,來具體落實給消費者的體驗!

1.3 ESG取代EPS[9]

　　大數據時代如果你重視品牌、經營品牌，你還不了解ESG大浪來襲，對環境、社會、企業帶來全面性的影響，恐怕你的品牌將會被消費者淘汰！

　　你生活中熟知的品牌Apple、Google、NIKE、adidas、H&M、ZARA、UNIQLO、Walmart（沃爾瑪）、IKEA、Mercedes等各行各業的龍頭，都已經宣佈加入了這一場世紀大競局。

　　然而，什麼是ESG？它對企業經營及品牌管理究竟會帶來什麼影響？又與你熟悉的CSR有何不同？

　　簡言之，CSR（Corporate Social Responsibility）企業社會責任，是企業永續的課題與企業責任的文化；ESG則是衡量企業執行這個理念的活動及成果；所以，CSR**可以說是一個質化的概念，而ESG則是量化的指標。**[10]

　　ESG，代表Environmental環境永續、Social社會參與，及Governance公司治理的三個企業經營層面。根據維基百科[11]，ESG是「公司治理」對「社會」及「環境」所展現的良心與責任，是一套完整衡量企業永續性的指標。（圖1）

9　ESG當然不可能完全取代EPS，ESG是利害關係人評估企業的新基準，也可有效增加企業的估值。

10　ESG vs. CSR: Key Distinctions & What Businesses Need to Know（https://reurl.cc/d22xNz）

11　Environmental, social, and corporate governance （https://reurl.cc/0ppx79）

圖1　ESG永續性指標

Environmental	氣候危機 永續能力	氣候變遷 溫室氣體排放 資源枯竭，包括水資源 廢棄物與汙染 森林砍伐 動物福利
Social	多元包容 人權保護	工作條件，包括奴役和童工 本地社群，包括原住民溝通 宗教衝突 人權問題 多元性 消費者保護
Governance	管理架構 員工關係 政府法令	高階管理人薪資 薪資福利 賄賂與貪腐 政治遊說與獻金 董事會多元性與組織 稅制政策

　　在環境永續的層面，關注的是公司如何應對「氣候變遷」及「永續經營」，包括溫室氣體排放、資源消耗（如水）、環境污染、森林砍伐及野生動物保護等。因此公司面對的課題與風險，就是處理土地污染、廢水排放、有毒物質管理，以及是否遵守政府的環境法規。

　　在環境永續的評量，也產生了很多新的指標及認證機構，如RE100、EP100、EV100、SBTi、TCFD及B Corp等（圖2），企業及消費者都必須

瞭解，未來這些指標也可能成為認證品牌，並為品牌ESG背書的標籤，成為品牌信賴資產的一部分。

圖2　評量ESG的相關指標與機構

RE100	承諾2050年前100%使用再生能源
EP100	承諾能源效率增加100%
EV100	承諾2030年前100%交通載具電動化
SBTi	加入科學基礎減碳目標倡議
SRI	以社會公義、地區貢獻、行使股東權利等為目的的投資人行為
TCFD	簽署支持氣候相關財務揭露倡議
B Corp	承諾企業發揮環境友善等影響力

在社會關懷的層面，關注的是公司如何處理「利害關係人」的利益關係，包括社會的多元化、人權問題，以及消費者的保護。例如公司是否僱用童工？公司是否捐獻利潤的固定比率給社區或弱勢團體？是否支薪鼓勵員工當志工貢獻社會？

在公司治理的層面，關注的是公司的管理層機構、僱用關係、薪資結構。例如董事會成員是否與公司的利益有衝突？重要議題是否給予利益關係人表決？財務揭露是否足夠透明？董事及員工的薪資是否合理？是否誠

實納稅？工作環境設計是否考慮到員工的身心健康？

　　企業為什麼非重視ESG不可？因為愈來愈多的投資機構，尤其是年輕一代的投資人，只願意將資金投資在符合ESG標準的企業，而基金管理公司也成立專門投資具備ESG概念的ETF[12]，根據美國SIF基金會的估計，投資在ESG的基金已經從2018年的12兆美元，快速增加到2020年的17.1兆[13]。再根據晨星（Morningstar）[14]的數據顯示，2020年疫情爆發下，ESG的資金流佔了歐洲所有基金銷售的3分之1；台灣與ESG相關基金的募資金額不但創下新高，成長更是驚人。

　　貝萊德是全球規模最大的資產管理集團，也是全球最大的煤業投資機構之一，由於煤的碳排放量高，是氣候變遷的元兇，該集團已於2020年宣示，投資組合將排除碳業。貝萊德執行長芬克（Larry Fink）在寫給客戶的信中提到：「每個政府、每家企業，以及每一位股東，都必須認真看待氣候變化所帶來的挑戰。」[15]

　　以台灣每天有超過300萬人次消費的全家便利商店為例，董事長葉榮廷明確指出，ESG的趨勢愈來愈明顯了，最明顯的判斷方式，就是現在外資在投資的時候，會把ESG評分當成一個很重要的指標，評分愈高投資金額愈多，而不只是看你的績效。以前績效最重要，現在大家在意永續的發展漸漸超過績效。[16]

12　ETF：Exchange Traded Funds，為指數股票型基金，是一種由投信公司發行，在證券交易所上市交易的開放式基金。

13　The US SIF Foundation's Biennial "Trends Report" Finds That Sustainable Investing Assets Reach \$17.1 Trillion（https://reurl.cc/e33mqb）

14　https://www.morningstar.com/esg

15　LARRY FINK'S 2022 CHAIRMAN'S LETTER: To our shareholders （https://reurl.cc/d22XzM ）

16　全家葉榮廷談ESG：那位身障店員，給我震撼一課（https://reurl.cc/p11WDb）

ESG可以說是全方位的關注公司在社會及環境各個領域的發展與影響，也可以說沒有一間公司可以滿足ESG的每一個層面來經營自己的品牌。**對企業而言，最重要的是選擇適合自己的領域，發揮最大的影響力，尋求社會及消費者的認同**，例如Apple選擇碳中和、NIKE選擇多元包容、adidas海洋垃圾、lululemon則選擇廢棄回收。

Apple宣佈從2030年開始，所有的供應商都必須符合《供應商行為準則》，做到碳中和（Carbon Neutral），也就是企業因生產所排放的二氧化碳與從環境中消除的碳排放，達到正負相抵為零的標準。為了要做到碳中和，企業必須透過植樹造林、購買再生能源憑證，或者使用低碳、零碳排的能源，才能抵銷企業活動所產生的碳排放量。

可以想像Apple這樣做，很多企業都要跟隨，光是Apple的供應鏈就佔台股的市值近4成，都必須要符合蘋果的供應鏈行為準則，加上其他全球企業如Microsoft、NIKE、adidas、Unilever、Google、IKEA、Mercedes、Walmart等，2030年你買到的品牌都會很「乾淨」。

換句話說，**2030年後不符合ESG準則，特別是碳中和的品牌，無論消費者是不是喜歡你，很多將會消失在市場中！**

未來品牌經營不只要考慮與顧客的關係、品牌與內部員工的關係、品牌與供應鏈的關係，也要考慮品牌與地球永續的關係，也可以預期這樣的品牌會更受新世代消費者的青睞！

2030年，絕對是ESG取代EPS[17]，品牌大洗牌的一年！

這篇文章是從投資者角度看ESG，接下來3篇文章，我要分別從企業經營、消費者觀點，以及品牌管理角度，跟你分享ESG在品牌經營的意義。

17　EPS：Earnings Per Share，每股盈餘。

未來品牌經營不只要考慮與顧客的關係、品牌與內部員工的關係、品牌與供應鏈的關係，也要考慮品牌與地球永續的關係，也可以預期這樣的品牌更受新世代消費者的青睞！

1.4 ESG是讓企業賺錢的CSR

　　你可能會想，當企業面對像是疫情這樣突如其來的衝擊時，生存都來不及了，如何想到永續的經營？但你可能不知道的是，愈來愈多的企業經營者已經認知，貫徹ESG是確保企業長期成功的方式，也是提供你品牌保護力的重要關鍵！

　　台灣企業想要接軌國際，就需要向世界證明你的能力可以符合國際標準，對內讓品牌取得消費者的認同，對外掃除出口產品的障礙，尤其是進入歐美市場。

　　很多企業都覺得ESG是賠錢的工作，是為了企業形象而做的事情，無法帶來實質收益；抑或覺得這是公司到了一定規模才需要做的事情，現在公司規模還小可以晚點做。

　　根據McKinsey & Company的研究報告指出[18]，積極推動ESG的企業，可以獲得更高的報酬，體現在以下5個角度（圖1）：

18　Five ways that ESG creates value（https://reurl.cc/QLLj3O）

圖1　ESG推動高報酬

	高度永續**ESG**價值主張	低度永續**ESG**價值主張
營收成長	善用更具有永續概念的產品吸引消費者與企業用戶。 透過強勁的社群與政府關係取得較佳的資源	因為缺乏永續概念失去顧客（例如，消費者權益、供應鏈），或因為缺乏永續想法而造成資源上的侷限與不佳的勞工關係（影響如營運關閉）。
成本降低	更低的能源與水資源耗損。	產生不必要的廢物並相對支付更高的廢物處理成本。 在包裝成本上花費更多。
監管和法律干預	透過放鬆管制以實現更大的戰略自由。 獲得補貼和政府支持。	廣告和銷售點受到限制。 招致罰款、處罰和法律等行為。
生產力提升	提高員工的積極性。 透過提升社會信譽吸引人才。	因為「社會污名」降低了人才吸引力，因為人才流失影響公司競爭力。
投資和資產優化	透過更好且長期的資本分配（例如永續長久的工廠和設備）提高投資報酬。 避免因長期環境問題而無法獲得回報的投資。	受困於過早投資的低獲利能力的資產。 落後於那些為減少「能源消耗」而投資的競爭對手。

（1）**取得更高的成長**：ESG含金量高的產品，吸引更多的企業客戶及一般消費者，同時可以獲得社區及政府的強力支持，因而可以更容易取得所需資源。

（2）**得到成本的降低**：因降低能源及水資源的耗費，使生產成本反而更低。

（3）**避免法規的干預**：因符合ESG得到法規的鬆綁，取得策略上的自由，同時得到政府的支持與補貼。

（4）**生產效率的提高**：因為好的社會聲譽，吸引優秀人才加入，同時贏得員工的認同，提高工作動機。

（5）**投資與資產的最佳化**：將資本投資在永續的工廠及設備，獲得更好的回報。

以上的第1點是實施ESG的結果，其餘4點則是手段。**企業貫徹ESG，得到股東、政府、社區、員工、供應商的認同，最後會回饋到品牌，創造品牌差異化，從而得到消費者的認同，讓品牌更成功。**

根據晨星（Morningstar）的ESG研究機構Sustainalytics，針對半導體產業的回測研究，ESG風險評分較低的企業相較於風險評分較高的企業，3年累積的報酬率相差1倍之多，可見愈重視ESG的企業的投資報酬率與波動度相對穩健，並不會因此犧牲企業獲利，值得中長期的投資。

匯豐銀行在《氣候變遷與供應鏈的韌性》報告中更指出，「證據顯示，採用長期且以永續發展為重點策略的公司，比起那些沒有採取長期永續策略的公司，更能抵禦COVID-19疫情的衝擊。」所以，ESG將成為下一波企業獲利的重要基礎，如何讓企業的ESG被看見，B型企業（B Corp）[19]認證也是一個相當明確且有效的方式。

除了Apple等企業，樂高積木也是很多人成長中的記憶。樂高投入ESG的策略，著重在發展孩子的潛力、承諾永續環境，以及創造包容、安

19　B Corporation（certification）（https://reurl.cc/M00bZp）

全與被激勵的工作場所。樂高更為了這個承諾持續投資，每年協助800萬個孩子透過遊戲方式，發展終身技能並學習永續領域知識。同時，樂高也宣示2025年達成100%永續包材、2030年產品100%永續塑膠，並擴大樂高回收與捐贈計畫等[20]。

你也可以看到，開始有台灣B2C的企業在ESG的投入。擁有超過60年歷史的髮品企業美科實業，積極投入永續經營的決心，除了取得B型企業的認證、更是亞洲第一個取得C2C搖籃到搖籃銅級認證的專業髮品（從內料到包裝材質使用再生材質的相關認證），也是台灣髮品公司加入「Re10x10」倡議行動，並首創於商辦大樓安裝電表監控系統，進行綠電能源使用的檢視和改善等。美科實業推出的髮品價格並不便宜，在台灣的業績不但逐年成長，品牌版圖更已擴展到全球20國[21]，ESG所帶來的品牌價值絕對可被驗證。

台灣的餐飲新創品牌成真咖啡，也是全球唯一通過B型企業認證的咖啡公司。成真咖啡承諾每開一家分店，捐一口井到非洲，讓當地人也能有乾淨的水喝；同時提供員工優於業界15%以上的薪資，當員工升任店經理還可獲該店10%的認股。

疫情期間，即使面對餐飲業的寒冬，全台整體餐飲業營收蒸發超過6成，成真咖啡仍決定不減薪、不縮編。餐飲業的流動率很高，但成真咖啡從2015年創立迄今，始終維持9成的留任率，驗證企業實施ESG還可以提高員工認同，創造品牌價值[22]。

20　為什麼ESG這麼紅？頂尖企業怎麼做ESG？領導者該有的商業與品牌策略（https://bit.ly/3MO9sSP）

21　專注「頭皮」生意 用永續品牌解決全球人的頭皮問題（https://reurl.cc/M00b8m）

22　什麼是「B型企業」？給員工好的薪酬、拚獲利還要做公益，可能嗎（https://reurl.cc/p11WAQ）

ESG是全球無法抵擋的趨勢，企業絕對不能忽視，但是消費者也是聰明的，企業真正想做好ESG，或只是做做表面功夫，消費者也能夠辨別。品牌轉型是持續不斷演進的過程，絕對不是靠一檔廣告或公關活動就可完成。

台灣有9成以上都是中小企業，更有源源不斷的新創企業，生命力很旺盛，懂得怎麼做生意一直是台灣企業的優勢，但對如何賦予品牌價值，還有很多精進空間。

中小企業或許沒有如大企業設立永續部門或永續長，但是可以調整品牌定位，在新產品設計與服務過程中融入永續的概念，從小地方做起，建立一個消費者認同的ESG品牌，創造6贏的局面：即消費者、員工、供應商、社區、環境，以及股東，從消費、生產、投資中得到尊敬與獲利。

ESG 的超前部署，將在大數據時代成為品牌資產的一部分，讓品牌異軍突起，讓消費者更願意買單！

✎ 品牌筆記

建立一個消費者認同的ESG品牌，創造6贏的局面：即消費者、員工、供應商、社區、環境，以及股東，從消費、生產、投資中得到尊敬與獲利。

1.5 ESG消費者驅動

本文要從消費者的觀點，跟你分享企業為何非得以ESG賦能品牌！

「公司」是晚近200年才崛起的經營組織，從一開始獨鍾股東的權益（獲利必須要回報股東），到20世紀初一起通用汽車（General Motors）的車禍，被駕駛雪佛蘭房車的媽媽一狀告上法庭。

事件起因是後方車酒駕碰撞，引發車子燃燒，她與後座的4個小孩嚴重灼傷，訴狀理由是後座油箱防護不足，無法承受撞擊。雖然整起事件跟酒駕有關，汽車公司並沒有錯，但是卻被法院判賠49億美元的天價賠償，宣示：「公司可以追求最大利潤，但不能及於無法貨幣化事物。」

這起意外事件的影響，開啟了企業不能只顧利潤，而必須保護消費者的時代。

今天，消費者保護已經到了一個新的高地，企業又被要求要保護環境、愛護地球，以達到多贏的永續經營。然而，這些立意雖好，如果沒有得到消費者的認同、用手中的鈔票支持，也無法持久。

消費者到底會不會為了ESG概念的品牌買單？根據McKinsey & Company對500位企業高級主管，以及1,000位歐美國家的消費者所做的調查顯示[23]，發現如果產品的功能沒有差別，有超過70%的受訪者願意在汽車、建築、電子、傢俱、包裝產品的類別，多付5%的錢購買具有綠色概

23　How much will consumers pay to go green?（https://reurl.cc/o11ebq）

念的產品。如果單就包裝產品，消費者的認同，或願意支付溢價的比率都更高。[24]（圖1）

圖1　消費者支持ESG概念產品

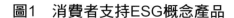

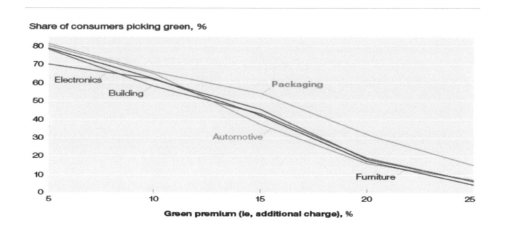

我要再跟你分享勤業（Deloitte）對全球19國（也包括亞洲的日本、中國及印度），11,550位18歲以上的消費者進行的調查，發布在Deloitte Insights的「2022年全球行銷趨勢報告」[25]指出，有86%的消費者希望企業的CEO可以為社會議題發聲，像是零碳排或是保護用戶隱私等；也有57%的消費者，對於提倡社會公平議題的企業有更高的忠誠度；同時，在美妝產業，有1/3的25歲以下消費者視永續性為該類產品的首要影響購買因素。

24　這是2012年發布的報告，但現在這股趨勢只會更明顯。

25　https://reurl.cc/RrrjVr

無庸置疑，企業必須開始重新定義自己存在的價值及目的，以滿足消費者對企業治理、環境永續、社會關懷日益增強的需求，才能與顧客產生共鳴，驅動企業再成長。

　　很高興看到，台灣的消費者也開始回應這個趨勢。根據2020年社企流發起之《企業倫理認知與行為調查》[26]，有超過8成青年認為，每個人都有責任讓社會變得更好；更有9成青年表示，企業的目標不應只是賺錢，也需考量社會和環境問題。

　　消費者，尤其是Z世代[27]對ESG概念品牌的支持，是無庸置疑的。

　　Z世代對ESG的支持，也從年輕人創業的選項看出來。例如獲得台積電文教基金會支持的新創配客嘉（PackAge+）主打環保包裝租賃，執行長葉偉德創業時僅有27歲，他的產品成功打入Uniqlo及PChome。當Uniqlo台灣在Instagram貼出與PackAge+合作，未來消費者網購店取的產品，從倉儲出貨至門市時，所有的包裝都將採用「循環包裝袋」；這則貼文的按讚數甚至比代言人徐若瑄的穿搭提案多了4倍以上。[28]

　　以NIKE而言，深知Z世代的消費者在做出購買決定時，會優先考慮多元化、包容性和社會理念，所以一波波的行銷活動，都緊緊扣住這樣的概念，如舊金山四九人對四分衛兼社會正義運動家卡佩尼克（Colin Kaepernick）的海報及YouTube影片，訴求「堅持信念，即使意味著犧牲一切。」（Believe in something. Even if it means sacrificing everything.）

　　從我過去在廣告業服務的經驗告訴我，這是一個風險很大的廣告，客

26　企業倫理將成核心競爭力！企業前輩分享實踐心法，助青年在職場發揮影響力（https://bit.ly/3KDTxVL）

27　Z時代（Gen Z），是盛行於歐美的用語，特指在1990年代末葉至2010年代前期出生的人。

28　數位時代，2021.12

戶必須要有很強的心臟，如果這個訴求不被接受，一切歸零。

所幸，這個活動獲得歐美媒體的大幅度正面報導，至少為NIKE帶來1.6億美元的媒體曝光效益，同時贏得Z世代消費者的認同與瘋傳，代言的產品在北美上市第一天，就被消費者搶購一空[29]，足見消費者對這個活動的認同與支持。

根據英國金融時報報導[30]，未來消費者出遊選擇航空公司的考慮因素，第一個仍然是安全與保障，緊接著就是考量航空公司永續性作為，Z世代特別關注旅遊業者應對氣候的準備和態度。

如果你有注意，Google航班搜尋已能在價格旁邊顯示旅程的二氧化碳排放量；另一方面，知名的旅遊平台Expedia及Booking.com也計畫向旅客顯示訂房造成的環境影響程度，如同旅館的星級一樣。

再根據有20年口碑的Harris Poll research[31]，每年都會發表的第一印象知名度企業聲譽調查，2021年的研究結果出爐（圖2），第一名竟然是台灣人不熟悉的巴塔哥尼亞（Patagonia），到底巴塔哥尼亞是一家怎樣的公司？

巴塔哥尼亞是一家美國最大的戶外用品公司，以生產高品質的衝浪、攀岩用品聞名，有戶外用品中的GUCCI之稱。其鼓勵員工，只要風起了，浪來了，可以隨時放下手邊的工作到海邊衝浪（羨慕吧?!）；同時將1%的銷售額或者10%的利潤（取高者），捐獻給環保組織，並共同創建了「% For the Planet」商業聯盟，這個ESG活動，自1985年以來，已經

---

29 Colin Kaepernick's new Nike shoe sells out on the first day（https://reurl.cc/RrrjM9）

30 商業周刊1775期，2021.11

31 The 2021 Axios Harris Poll 100 reputation rankings （https://reurl.cc/Dyyd0O）

圖2 Axios Harris Poll 100 聲譽排名

2021 RANK	COMPANY	TREND 2016-20	2021 SCORE	CHANGE IN RANK	
#1	Patagonia		82.7	↗ 31	+
#2	Honda Motor Company		81.6	↗ 14	+
#3	Moderna		81.3	–	+
#4	Chick-fil-A		81.1	↗ 7	+
#5	SpaceX		81.1	–	+
#6	Chewy		80.9	–	+
#7	Pfizer		80.2	↗ 54	+
#8	Tesla Motors		80.2	↗ 10	+
#9	Costco		80.1	↘ 2	+
#10	Amazon.com		80.0	↘ 7	+

向1,000多個環保組織，累計捐獻了1.4億美元。

　　早在2011年的黑色星期五（美國重要的銷售日，跟雙11有異曲同工之妙），巴塔哥尼亞還買下紐約時報整版的版面，就是為了告訴消費者「不要買這件夾克」（DO NOT BUY THIS JACKET），忠實消費者當你要買一樣產品的時候，要先想一想，你是否真的需要它？**你可以買更少，但是你要要求更多，你要對企業說出你要回收、你要公平交易、你要有機產品！**Buy Less, Demand More.

　　巴塔哥尼亞做的每一個動作，看似與傳統企業經營的邏輯背道而馳，你也可以說它非常任性，但是這種反其道而行的作為，非但沒有阻礙公司的發展，反而品牌大受消費者的歡迎！巴塔哥尼亞的創辦人喬伊納德（Yvon Chouinard）曾經說過：「不要期待政府會改變這世界，消費者才是改變最大的希望。」

　　從以上的例子，你可以發現ESG在Z世代消費者的推波助瀾下，正在

風起雲湧，台灣慢了，我們要加油！

起風了，你還在等什麼呢？（作者寫到這裡，也對以上企業的作為非常的感動！）

✒ 品牌筆記

無庸置疑，企業必須開始重新定義自己存在的價值及目的，以滿足消費者對企業治理在環境永續、社會關懷日益增強的需求，才能與顧客產生共鳴，驅動企業再成長。

1.6 ESG賦能品牌

　　無論是從企業的角度，或者消費者的觀點，未來的品牌經營與創新，絕對離不開ESG。那麼，對於一位重視品牌、管理品牌的經營者，關注的是ESG到底可以體現、落實在品牌管理的什麼階段？什麼位置？

　　我認為，至少有三方面：品牌創業、品牌資產、品牌忠誠度，這些內容也會在後續的章節，一一展開。

**　　首先，是以品牌創業。**

　　在第II部，會跟你提到品牌創業的五個關鍵問題，也就是如果你是一個新創品牌，你有五個切入點：第一：你為什麼要創立這個品牌？第二：這個品牌對社會、對消費者有什麼意義？第三：在目前的使用情境中是否發現了未被滿足之處？第四：現有產品或服務有令人不滿意的地方嗎？第五：你的興趣可以成為你品牌創業的原點嗎？

　　這五個品牌創業的關鍵問題，至少第一與第二個問題，你要好好的來答卷。在大數據時代創業，Z時代主導的社會，你可以好好思考如何融入ESG的概念！

　　這兩個題目，與品牌的願景有關。很多例子已經告訴我們，那些把ESG概念融入品牌的公司，無論大企業品牌如NIKE（多元包容）、Apple（碳中和）、Unilever Sunlight（水資源）、樂高積木（減塑）等；中小

型企業品牌如巴塔哥尼亞（環境）；新創企業品牌如TESLA（綠能）；本土企業品牌如美科實業（包材）、成真咖啡（員工）等，都取得廣泛的成就，包括社會及消費者的認同。

對於既有的品牌，你可以進一步思考，如何修改願景，讓它具有永續ESG的概念，回應時代的需求；對於新創企業，你可以從ESG的各個面向，找到創業的想法或點子，做出對人類更有意義的事情。

這也是西奈克（Simon Sinek）在TED的一場演講《偉大的領袖如何鼓動行為》[32]上提出了黃金圈理論，偉大的品牌是在賣WHY，不是WHAT！

這也是本書主張的「品牌創業」，下一章會再進一步說明。

其次，是品牌資產。

經營品牌，就是在經營品牌的資產，品牌有了令人信賴的資產，就開始掌握了主導權、定價權。沒有品牌的企業，在大數據時代，最終陷入產品的價格戰。

品牌資產的管理是全方位的，根據品牌學者艾克（David Aaker）的定義，品牌資產至少包含了「品牌知名度」、「品質認知度」、「品牌忠誠度」、「品牌聯想」及「品牌其他資產（如專利）」等五個元素。

ESG對品牌的直接影響，在於「品牌聯想」。消費者的品牌聯想，從有形到無形，也包含了五個層次：產品聯想、識別聯想、企業聯想、使用者形象及體驗聯想。未來要成為一個傑出的、偉大的品牌，必須能讓消費者對企業聯想有更多的ESG因素。

32　How great leaders inspire action（https://reurl.cc/NAApvm）

例如消費者想到Apple，不只是一家賣手機的公司，而是能夠在生產中做到要求所有的供應鏈廠商，一起做到碳中和，是一家對地球無害的企業，讓消費沒有罪惡感，消費者就更願意繼續支持這個品牌。

　　但是要讓消費者有這樣的聯想，絕對不是偶爾做一、兩件善事，必須持之以恆，累積口碑及好感度，最後才能平常的生活中，產生對品牌的正面聯想。

　　當消費者對品牌有愈多的正面聯想，尤其是ESG活動的聯想，將能在未來贏得高購買力Z世代的消費者認同。

　　最後，是品牌忠誠度。

　　消費者對品牌的聯想直接影響到品牌忠誠度，更多ESG的企業聯想，就會有更高的品牌忠誠度。前文已經跟你分享，Z時代對具有ESG概念的品牌，無論是在包容多元、減碳、少消費、愛地球，都願意掏出更多的錢來支持。

　　艾克把品牌忠誠度劃分成五個由弱到強的等級：品牌轉換者、習慣購買者、滿意購買者、情感購買者及死忠購買者。大數據時代，一個網紅一個月就可以創造一億的營收，讓大家都以為品牌不再有忠誠度了。

　　事實上，網紅紅的時間，還沒有品牌來得久。回想一下，果粉、米粉、NIKE、Starbucks等只要出了新品，消費者不都是趨之若鶩嗎？你能說她／他們沒有忠誠度嗎？我始終認為，是企業沒有把品牌做好，才把主導權給了網紅、部落客等。無論部落客或網紅，其實都是新的溝通媒體罷了，透過她／他們的傳播，移轉品牌也是正常的，但可能也是一時的。

　　未來，要創造高的品牌忠誠度，企業絕對不能在ESG領域缺席！ESG

就是品牌差異化、品牌忠誠度的解方！企業經營品牌的終極目標，無非就是希望得到消費者的長期愛用。

　　企業只有把品牌賦予更多新時代的資產，然後再透過好的行銷，用對的媒體，與精準的對象溝通，才是品牌成功的不二法門。

　　以上品牌資產與品牌忠誠度，請你到章節5.5，會有進一步的說明。

✐ 品牌筆記

企業只有把品牌賦予更多新時代的資產，然後再透過好的行銷，用對的媒體，與精準的對象溝通，才是品牌成功的不二法門。

第 **II** 部

5方向創新品牌

ESG

Environmental
Social
Governance

Apple	ZARA
Google	UNIQLO
NIKE	Walmart
adidas	IKEA
H&M	Mercedes

2.1 品牌創業與生意創業的差異

生意創業不一定是品牌創業，但品牌創業絕對是生意創業！

在一場ESG的座談會議中，許多中小企業主表示，公司剛開始成立的時候，「賺錢養活公司都來不及了，所以品牌跟ESG這些理念只好等賺了錢，才能有餘力開始重視。」這剛好是品牌創業與生意創業最淺顯易懂的差異。

品牌創業，指的是一開始創業即以品牌思維為核心的創業；生意創業，則是一開始以產品與賺錢為目的的創業模式。生意創業成功後可能會開始想到品牌建立，很多人認為只是前後的問題，這兩件事或許到幾年後殊途同歸，但你可能忽略的是，一開始生意創業與品牌創業的思維會為創業帶來截然不同的結果。

「到底要做品牌？還是做生意？」這是許多人創業時遇到的問題，這兩個完全不一樣的課題，也會導致兩個不一樣的規劃過程。

微熱山丘創辦人許銘仁[33]在一次專訪中，也說明了品牌創業與生意創業的不同，「做品牌，可以做得長長久久，有趣又有無限可能。這也是開始有品牌概念、出產多個百年品牌的歐洲最初的初衷，先求把事情做好，自然隨後會有馨香飄散出去，獲得掌聲。」

---

33 品牌經營：先想清楚要做品牌還是要做生意—微熱山丘創辦人許銘仁（上）
　　（https://bit.ly/37iLNeo）

在一次民間單位舉辦的創新比賽評選中，團隊不斷列舉產品研發的過程與優勢，但評審團的質疑卻不斷環繞在「你們想要解決的問題是甚麼？」「你們看到的市場需求是甚麼？」這看似理所當然的問題，卻是許多以生意創業者可能沒有想清楚的事情。

你想想，當DELL、acer、ASUS、Lenovo都生產技術先進的3C、科技產品時，Apple電腦為什麼總是能獨佔鰲頭，吸引眾多消費者的青睞，並持續在新產品一推出就造成採購熱潮？這些大廠採用的難道不都是差不多的銷售管道、差不多的廣告公司、差不多的宣傳媒體嗎？但為什麼結果卻大相逕庭？

當大家都在賣電腦，Apple賣的是甚麼？用黃金圈理論看這些企業是怎麼成功的！

我們可以用西奈克（Simon Sinek）在2009年TED的一場演講《偉大的領袖如何鼓動行為》，提出了黃金圈理論來檢視，這場演講創下超過5千萬觀看次數。[34]

1. 消費者產生購買行為，不是因為你做了什麼產品！而是你為什麼做了這產品！

西奈克認為，世界上所有成功的領導者或是品牌，他們思考、行動和傳達的方式都遵循著「黃金圈」法則，從裡到外包含三個階層，分別是Why—How—What。

Why代表的是領導者或品牌的理念和目標，How是執行理念的方法與過程，What則代表最終呈現出的產品以及領導風格。

34　How great leaders inspire action（https://reurl.cc/NAApvm）

2. 甚麼是What，應該是超過90%以上產品銷售的模式！

　　話說，如果Apple電腦一開始的銷售話術就是，「我們的產品設計界面很人性化、外型時尚、運算速度超快！」說到這裡，你會買嗎？或許你會說：「嗯！有可能」，但是可能不會急於現在購買，可能再比較一下其他品牌，看看是不是有功能更強大、價格更划算的產品，再做最後決定。

　　「我的車子很省油、速度快、外型炫、內裝佳！」、「嗯！很棒。」但這些選項只會出現在消費者的選擇清單、而非決策核心。這很像剛開始台灣裕隆汽車的CEFIRO熱賣的寫照，把所有其他品牌的優勢都裝到自己車內，的確創造一波購買熱潮，但卻因為品牌力不足而無以延續。這就是所謂的What，主要著重在說明自己做了甚麼。

3. 甚麼是How，進一步告訴顧客我們如何做到？

　　以在名人、貴婦圈，一直保持著高度話題性與銷售度的保養品牌海洋拉娜（LA MER）為例，它告訴顧客，創辦人在一次科學實驗中受到了化學性灼傷，起初是為了治療自己而投入燒燙傷皮膚修護的研發，沒想到在數千次的研發過程中，成功萃取出海藻的活性與修護力，進而研發出目前海洋拉娜保養品系列的核心成分。這樣的過程極具說服力，而高單價的長紅銷售也正說明了How對這個品牌的影響力。

　　所謂的How，講的是執行理念與方法，讓產品多了一些除了功能外的想像，強化更多對於品牌的信任感，的確比只有闡述What好了一些，但仍舊是可以被超越的門檻。

4. 甚麼是Why，信念造就競品無法跨過的門檻！

　　甚麼是Why？指的就是你創業的目的、你的出發點、你的信念、為什麼你的品牌需要存在。大家都想成立一家會賺錢的公司，但賺錢是結果，

西奈克認為一開始的品牌理念，將是決定結果的重要關鍵。

以Apple電腦的品牌理念為例——Think different。Apple不斷的告訴顧客，Apple的信念是，所做的每件事，都要從不同的視角出發，用不同的思考，挑戰現狀。在這樣的堅持與理念下，Apple設計出了目前的產品，他們深信這些產品將改變世界，將更符合顧客的需求。

你覺得顧客埋單嗎？從現在的成果看來，不管是咖啡廳裡的年輕人，到辦公室內的高階主管，幾乎人手一台iPhone、筆電、用AirPods聽音樂、可以看得出從Why出發到What的溝通，普遍讓消費者接受。

我們其實只是改變了資訊傳遞的順序，但結果卻大不同。人們可能會買你做的產品，但會思考很久，而且忠誠度不高！人們如果因為你的品牌理念而購買，就會產生極高的品牌忠誠度。

TESLA是一個很經典的案例，由馬斯克（Elon Musk）所創立電動車品牌，已成為全球最有價值的汽車製造商。電動車這件事其實由來已久，在20世紀便有電動車的研發，包括奧迪（Audi）、賓士（Mercedes-Benz）等廠商都相繼投入。但是，為什麼卻在一位汽車產業門外漢馬斯克的手裡達到高峰？

「比較環保、比較省錢、低噪音」，這些訴求讓消費者開始思考電動車的需求，但理性的與現在的汽車比較一下，還是無法翻轉顧客的觀點，更不用說購買。

但TESLA到底哪裡不同？也是PayPal創辦人之一的馬斯克把公司賣了，可沒拿著數億美元，過著雲遊四海的生活，而是把所有的錢投入了「火星移民夢」。先後成立了美國第一家民營的太空火箭公司SpaceX、太陽城和TESLA，更開始了預計發射42,000顆衛星的星鏈計畫。而這些公

司都有一個共通點：挑戰不可能。

　　馬斯克與賈伯斯看起來其實有點相似，他們都有一個共通點：具備系統性的設計思考，再加上無比堅定的信念。他們並非原創某項產品，而是堅持自己的信念，最後徹底改變了產品的應用方式，顛覆了產業的遊戲規則。

　　而顧客購買TESLA的電動車，難道只是為了想買一台「電動車」？我想更是因為相信並認同特斯拉「挑戰不可能」的理念，尤其是早期購買者。從特斯拉狂奔的股票與市值，正是大家相信Why，進而願意用行為相信What的寫照。

　　講到這裡，品牌創業與生意創業的差異性應該淺顯易懂，許多國內外的成功案例，在在顯示品牌創業的成功經驗，對台灣許多創業者來說，這個決策就在你的一念之間，往品牌創業之路思考，將成為企業可長可久的核心價值。

🖊️品牌筆記·

創業成功後可能會開始想到品牌建立，很多人認為只是前後的問題，這兩件事或許到幾年後殊途同歸，但你可能忽略的是，一開始生意創業與品牌創業的思維，會為創業帶來截然不同的結果。

2.2 品牌創業的五個關鍵問題

在前一章節已經提到品牌創業跟生意創業的不同,接下來我就要用五個具體的關鍵問題來檢核,你可以如何以品牌創業的觀點來創造一個偉大的品牌。

第一個問題:你為什麼要創立這個品牌?

在剛剛的黃金圈理論,提到了Why思維在創立品牌的重要性,不管是Apple的Think different、馬斯克(Elon Musk)的挑戰不可能,都因為他們的信念創造了難以撼動的品牌理念,更成為許多競品無法超越的門檻。

當你的產品不再只是電腦、當你的汽車不再只是代步工具、當你住的緩慢不再只是民宿,而是一種生活理念、價值、態度的象徵,這將會為你的品牌帶來極大的差異性,而爭取到更多消費者的認同。

所以當你決定要開始創業的時候,除了有一個好產品,先回頭想想為什麼要成立這個品牌?你的品牌理念是什麼?初衷是什麼?當你想清楚,也驗證清楚之後再進行創業,相信會看到很不一樣的結果(如果你的品牌已經存在,你可以回頭來檢視品牌的理念、價值、態度,賦予品牌新的生命力)。因為,最終會吸引來一群認同你理念的消費者,成為品牌死忠的鐵粉。

第二個問題：你的品牌對社會或消費者有什麼意義？

產品的研發難道只有好用就夠了嗎？很多人會把品牌的溝通著重在於產品有多好用？價格多便宜？速度快3秒？外型更酷炫等等，這些除了圍繞在我們剛才講的黃金圈裡面的What層面，就算消費者因為產品特色購買了一次，很容易因為其他更好的產品而轉移品牌。隨著消費意識的抬頭，這個品牌到底對社會、對消費者有什麼意義，變得更形重要。我們在第I部提到的ESG或是B型企業的概念，你可以從這些角度去思考。

「DO NOT BUY THIS JACKET」，為什麼生產了外套，卻又叫消費者不要購買？這是巴塔哥尼亞（Patagonia）在 2021年黑色星期五（美國重要的銷售日，跟雙11有異曲同工之妙），於《紐約時報》刊登的全版廣告。在各家廠商無不鋪天蓋地下廣告，促銷打到見骨的日子中，Patagonia唯一的廣告，竟然是叫你不要買，而出現在廣告中的夾克，更是自家最暢銷的產品。這家叫你不要買的公司，如今可是產品銷售全球，成為戶外運動者，甚至是時尚者熱愛的品牌。

你一定會想，這真是一個成功的廣告和行銷手法，但 Patagonia會跟你說：「這真的不是我們的行銷手法，我們是真心希望顧客不要買不需要的東西。」

許多產品的研發都思考功能如何更強大，而不在意產品對消費者帶來的意義。所以，你會看到有很多產品愈做愈好，愈做愈炫，例如手機可以1秒連拍多少張，你可能還記得更早期的錄放影機，研發的方向就是如此，消費者要的是這些嗎？還是你賣的產品帶給她／他的意義？哈佛商學院市場行銷學教授萊維特 （Theodore Levitt） 告訴學生：「顧客不是想買一個直徑五毫米的鑽孔機，而是想要一個五毫米的孔。」這就是發現產品

對顧客的意義，而非只是產品的研發。

第三個問題：你有沒有發現消費者現在的痛點？

過去旅遊的時候只能入住當地的旅館，遇到熱門旅遊季的一房難求，相信是許多人的切身之痛。所以你可能只好更早預訂、用更貴的價格訂房、住到更遠的地方；更甚者，取消旅遊計畫。這個存在已久的問題，直到兩位負擔不起房租的青年，為了解決房租問題創立的Airbnb，打破了原來的遊戲規則，讓閒置的房屋透過「共享」的方式，解決了旅人租房的痛點。

Airbnb推出的幾年之間，快速顛覆了整個旅館產業。對於許多屋主來說，要不是Airbnb，他們根本不曾考慮出租房間或房屋，甚至不曾想過有朝一日會成為房東。更有40%的旅客也表示，要是沒有Airbnb，自己根本不會出遊。

根據資策會產業情報研究所一項消費者外食的調查指出，有50.4%民眾希望「省去外出與排隊時間」、「減少外出接觸人群的機會」、「天氣不佳、不想出門」。Uber Eats是最早發現人們外食痛點的平台品牌，解決消費者因為工作忙碌、懶惰、天氣太熱、太冷不想出門的問題，提供線上訂餐及外送服務，隨著現代人下廚的機會愈來愈少及疫情的推波助瀾，現在連生鮮產品都可以快速外送。

第四個問題：你有觀察到消費者對現有產品不滿意的地方嗎？

想要改善奶昔的銷量？投入再多行銷廣告費用成長也有限。全球最具影響力的商業思想家，克里斯汀生（Clayton M. Christensen）透過著名的

奶昔理論[35]，正說明了創新除了需要了解顧客需求、產品用途，還要瞭解在如何對不滿意的狀況進行改進，遠勝過悶著頭拚命改善產品的功能、特色。

你一定知道「好神拖」？2007年一推出便徹底改變拖把生態，並成為現今清潔用品的標配，就是一個利用消費者不滿意切入的重要發明。

回想之前小時候要將拖把擰乾是一件多麻煩的事，好神拖的發明者丁明哲一開始從事餐飲業，餐廳每天打烊時的清潔環境就是他長期的痛點。不但沙發下面拖不到、用手擰乾更是費力，因而發明的好神拖。這個發明推出時，曾有網友大讚：「這真是人類繼電燈以來最偉大的發明，竟然讓從不做家事的老公願意拖地！」

在生活中，你有發現風扇一直朝著你吹，令人很不舒服的感覺嗎？你有發現早上烤麵包機烤出來的麵包，不是太硬就是太軟嗎？你對每天常用的手機，有覺得愈來愈大，連口袋都塞不進去了嗎？對於生活中使用產品的不便及不舒服的感受，大部分人會忽略它，但創業家卻會掌握消費者不滿意的地方，成為創業或改善產品的養分。

日本的創業家寺尾玄，創業的想法與產品的設計都來自於他使用產品的經驗。不滿意傳統風扇的不舒服，發明自然風風扇；不滿意烤麵包機烤的麵包，開發專用烤麵包機；不滿意愈來愈大的手機，推出4.9吋的迷你手機，輕巧又優雅。

也許你會以為這些產品都已經存在市場，產品會賣很便宜！寺尾玄打破台灣人偏愛CP值的概念，他的百慕達風扇及烤麵包機，以同行7倍的價格出售，大受消費者的歡迎；手機要價25,000元，一點都不便宜。

35　創新的用途理論（Competing Against Luck）

從以上的例子，你會體會到，問題不在於要選擇什麼產品創業，而在於你是否從生活中，看到消費者未被滿足的需求！這就是我一再提出的好品牌的5個信念[36]之一，一定要「努力貼近消費者的生活」！

第五個問題：你個人的興趣可以發展成為品牌創業嗎？

很多的創業可以回歸到你的興趣，進而成為品牌創業的好點子。例如Patagonia創辦人喬伊納德，本身就是一位攀岩家，更是一名環境保護者，在成立 Patagonia這個品牌後，也因為他的專業興趣讓Patagonia在運動界擁有獨特的地位。

趨勢科技創辦人張明正的小兒子張友辰也因為家庭對於狗狗的喜愛，考量到狗主人不在家時想要照護寵物的心態，發明「Furbo狗狗攝影機」，以IoT硬體與AI的方式解決養狗的人生活中所碰到的難題，更進一步提供訂閱制的「狗保姆」服務，工作團隊更幾乎都是寵物的愛好者，讓興趣成為工作的原動力。

現在年輕人流連在網路上，有的熱衷遊戲、分享美食、看YouTube、喜歡寫Code等，腦筋動得快的人，已經創立遊戲公司、經營美食頻道、做起直播帶貨，或者成立軟體公司，像這類以個人興趣發展成品牌創業的例子，在大數據時代，你我生活周邊比比皆是。

台灣廣告界才子孫大偉曾講過一句話：「創意來自哪裡呢？創意來自有知覺的生活，你要認真去過每一天的生活！」也就是說，在生活中你要時時去感受每一個當下，對你的生活周遭是有感覺有體會的，如此你的心裡就會「有所觸動而啟發出靈感，而靈感就會變成創意」！

36　台灣最缺的，是追求好品牌的信念（https://www.gvm.com.tw/article/24328）

其實，許多好的品牌創業靈感構想，就在你的生活環境中，只要多加留意社會趨勢、生活型態、消費意義、產品體驗等，從以上五個層面思考，各種你看起來可能微不足道的小創意，也能創造大商機。

🖊 **品牌筆記**

品牌創業的五個關鍵問題：你為什麼要創立這個品牌？你的品牌對社會或消費者有什麼意義？你有沒有發現消費者現在的痛點？你有觀察到消費者對現有產品不滿意的地方嗎？你個人的興趣可以發展成為品牌創業嗎？

2.3 如何評估你的創業想法是否可行？

　　前面章節有提過，曾經參與一民間企業舉辦針對大學團隊的創新競賽評審過程，發現國內外團隊大多有很好的產品設計與發想，但有關於產品市場媒合度（Product-Market Fit）、目標族群與市場規模等問題卻鮮少著墨。

　　許多創業家常將大部分的時間和金錢投入於商業理念成形之前，但創業前的評估是相當重要的。雖然評估沒有辦法百分之百保證創業想法一定會成功，但市場研究可以讓你對於未來的目標更明確，在前期的評估中看到問題，也能即時解決。等到一腳踏入創業圈後才發現錯誤進行更改，在資金與時間的雙重壓力下將更加痛苦。

　　如果你有一個明確的創業想法，在投入創業前，你一定要先問自己這個市場是否具有「經營價值」？所謂經營價值指的是：「市場規模」及「市場潛力」。

　　首先，要問這個市場的規模夠不夠大？

　　很多創業者是在一頭栽入後，才發現這個創業的新產品市場規模太小，例如有個朋友做巴西窯烤，東西雖好，但是市場太小，無法養活團隊，只好中途放棄！

　　再以手搖飲市場為例，食品工業發展研究所引述AMR調查指出，全

球手搖飲料商機到2023年將超過32億美元，而全球30億杯的珍珠奶茶粉圓都來自台灣，即使競爭激烈，端看市場規模就值得一試[37]。

　　這說明一件事，有些市場現在雖然競爭很激烈，但是因為規模夠大，只要你的品牌定位成功，仍然能夠佔有一席之地。實體品牌，例如洗髮精、飲料市場等就是很好的例子；線上的社群平台品牌也不例外，例如facebook、Twitter、Instagram及LINE等，都有各自的品牌定位及擁護者！

　　再者，如果這個市場規模不夠大，那麼是否具有市場潛力？

　　有很多創業是在看到消費者需求而開始，即使現在市場規模不大，但透過國際趨勢、消費氛圍等多樣指標觀察，仍可以評估未來的市場潛力。成立30多年的華碩，在桌上型電腦及筆記型電腦面臨成長趨緩的狀況下，內部創業成立的電競子品牌玩家共和國（ROG）曾被稱為是「內部革命」，但隨著電競筆電市場爆發，單在2020年，玩家共和國就有近四成成長。根據MIC產業情報所調查，該品牌在一年間就為華碩創造1,500億元產值。就算現在市場不大，看準潛力的市場布局，仍具有極佳的爆發力。

　　有些產品現在規模不夠大，但是未來卻具有無限的潛力，例如投入ESG創業的產品或服務，目前市場看似不大，卻屬於強勁的成長期，那麼就具有以品牌創業的價值了。如果你要以品牌創業，還可以從以下角度評估想法的可行性：

37　台灣水果通往全球的機會：手搖飲！業界分析成功的關鍵與挑戰─上下游News&Market（newsmarket.com.tw）

（1）確保你的創業想法有需求

找到潛在需求對於創業想法的落地相當重要。我們可以從現在是否就已經有需求開始推斷，假設現在的需求並不明確，就要開始思考，企業是否能在未來創造需求。

其次，瞭解消費者對現有產品的體驗，是否有不滿意之處？再者，訪問自己新產品或服務有沒有解決消費者的痛點？

有哪些方法可以協助測試你的創業想法是否有需求呢？很多在募資階段的產品會利用線上問卷，先了解消費者的需求與喜好度、也可以透過潛在目標客戶的焦點團體，進行一些前期的市場調查。然而，根據我的經驗，很多創業的想法都不是透過調研而來，而是透過創業者敏銳的觀察力，發現市場缺口，以及消費者的痛點。

（2）徹底研究你的目標市場

除了瞭解你的潛在客戶需求，透過收集人口統計數據，評估目標客群規模與範圍，也相當重要。根據CB Insights在2019年的調查顯示，大約42%的新創企業，因為推出沒有市場需求的產品而失敗，更成為新創企業失敗的主要原因。所以不要悶著頭一股腦以為自己的產品好，要目標族群也說好才是真的好[38]。

（3）瞭解你的競爭對手

你的競爭對手是誰？你的優勢是甚麼？很多擁有產品的創業團隊，其

---

[38] Meet創業小聚（bnext.com.tw）

實並不清楚競爭對手的樣貌。在確認消費者需求與目標族群後，下一步是研究你的競爭對手。透過定價、產品、行銷、通路等多層面，釐清各自的競爭優勢，並建立創業品牌主要的差異化與競爭優勢。

網路時代取得競爭對手的資訊相對簡單，透過官網、新聞報導、社群媒體、口碑評論、行銷文宣等，都是了解競爭對手的方式。除了線上研究、實際走訪實體門市、與門市人員交談等，都是獲得競品資訊的方式。

透過深入的競爭分析，藉此評估創業想法的優劣勢，進而設計有效的市場戰略，可以更專注於填補未獲滿足的市場區隔，建立品牌優勢與價格優勢。

以台灣競爭白熱化的的咖啡市場為例，即使近5年以20%的速度成長[39]，但獨特的市場區隔卻是品牌成功的關鍵因素之一。台灣星巴克、路易莎、85度C、cama、便利商店與各地特色獨具的咖啡廳，都正在透過不同的區隔定位，創造不同的品牌價值，在市場上劇烈競爭。

便利商店強調的低價與便利性、星巴克國際化的美式品牌風格、路易莎與85度C強調悠閒的飲用空間與甜品的搭配、cama則以外帶與強大會員系統為主，強調自家的烘豆專業與職人性格，百花爭鳴的咖啡品牌在各自擅長的領域取得優勢。若你是一個後進的咖啡品牌，做好競品分析與品牌定位，則是你能否成功前的關鍵因素。

（4）評估你的技術與財務能力

你找到有需求的目標族群，也確認這個族群大小符合你的需求，並找到與競爭對手差異化的品牌定位，同時也需要評估你的技術、生產與財務

39　黑金商機　咖啡市場百家爭鳴（https://reurl.cc/vdorlj）

能力。包括產品從原物料、生產到包裝、運送至消費者的流程。

此外，財務更是任何創業的根本，也是品牌在評估創業計畫可執行性中相當重要的部分，財務可行性分析能讓你對銷售量、定價結構、投資回報率和獲利能力等更加了解，幫助品牌進入市場後的高變動度做好準備。

（5）小規模的測試

另一個真實且具體的市場檢驗方法，便是先在市場做一個小規模的產品測試。例如現在的募資平台，就是一個小規模測試的場域。根據FINDIT早期資金資訊平台的調查，台灣包括嘖嘖、flying V、群募貝果等募資平台，截至2019年，每年有上千件的募資案件，破千萬的募資計畫更高達16件，是一個可以小規模測試的方式[40]。

此外，以「提供最好的客戶服務」為品牌定位的Zappos，主要是網路賣鞋的電子商務網站。雖然就現在來說已經司空見慣，不過當時Zappos剛剛起步的時候，沒有任何人能保證顧客會在不先試穿鞋的情況下，就在網上購買鞋子。

因此，Zappos的團隊想出一種簡單而巧妙的方法試水溫，他們先在網站上發布當地鞋店的鞋子照片。當有顧客在網路訂購鞋子時，Zappos的人就會直接跑到店裡為客戶購買。說起來這種方法真的相當原始，但卻能夠小規模的驗證網路賣鞋這個模式是否真的可行。更讓Zappos團隊能夠在瞭解用戶是否會在網上購買鞋子之後，再去決定是否要投入大量時間、精力和資源，來建設基礎設施和庫存。

有創新的創業理念與產品，很棒。但耐心花點時間，透過前期精心計

40　【群眾募資亮點觀測站】2019台灣群募趨勢觀測|FINDIT:台灣新創募資第一站

畫並認真執行的創業評估研究，通盤為你的創業想法規畫初步藍圖，將使你跨入真實競爭市場後，快速因應並縮短成長時間。

最後，品牌創業成功的前提，是你的想法是否具有「經營價值」！

✎ 品牌筆記

如果你有一個明確的創業想法，在投入創業前，你一定要先問自己這個市場是否具有「經營價值」？所謂經營價值指的是：「市場規模」及「市場潛力」。

第 **III** 部

2階段建構品牌

ESG
Environmental
Social
Governance

Apple ZARA
Google UNIQLO
NIKE Walmart
adidas IKEA
H&M Mercedes

3.1 全球的品牌管理模型

前面章節談到如何評估品牌創業是否可行，一旦確立創業目標，接下來就是品牌建構階段。全球著名廣告集團推出的品牌管理模型，成為許多大型企業建立品牌的圭臬，讓我們先來一睹為快，並作為後續品牌建構的借鏡。

（1）電通蜂窩模型 （Dentsu Honeycomb Model）

電通（Dentsu）是日本領導性跨國廣告公司，也是日本最大的廣告公司。電通研發出一套訂定品牌價值的模型，稱為蜂窩模型 （Honeycomb Model） [41]，蜂窩中央的核心價值為品牌的心臟，周圍的其他六項要素互為關聯，形成品牌價值的總合，進而構成了「品牌」。 （圖1）

蜂窩模型以核心價值，就是品牌承諾為中心，由符號（Symbol）、權威基礎（Base of Authority）、情感利益（Emotional Benefit）、功能利益（Functional Benefit）、個性（Personality）、典型顧客樣貌（Ideal Customer Image）等六個要素共同構成，各要素圍繞核心價值，形成一個可以持續成長與擴張的結構。

我們以全球知名品牌可口可樂為例進行解析，可口可樂希望創造的核心價值也就是品牌承諾為 Refresh the world、功能利益為解渴、情感利益

41　https://dentsuone.com.tw/branding/

圖1　電通蜂窩模型

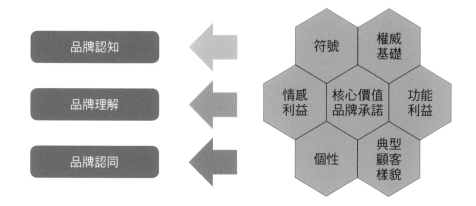

為年輕暢快的飲料、符號指的是Coca Cola的品牌識別、權威基礎為全球
10大最有價值品牌、品牌個性是歡樂、典型客戶樣貌為年輕族群。

　　由圍繞品牌承諾的品牌符號與品牌權威建構品牌認知、情感與功能性
利益建構品牌理解，到針對品牌個性與典型顧客樣貌建立品牌認同，這一
連串緊密且互為影響的過程將建構出可長可久的品牌資產。

（2）達彼思品牌輪盤（Bates Brand Wheel）

　　品牌輪盤模型（Brand Wheel）[42]為知名的廣告集團達彼思（Bates
Advertising）[43]所提出，該模型由五層的同心圓所構成，中心點為品牌精
髓（Brand Essence），品牌精髓是由外圍的個性（Personality）、價值
（Value）、利益（Benefit）及屬性（Attribute）所型塑而成的。

42　Bate's Brand Wheel（https://reurl.cc/WrrdoL）
43　達彼思廣告為達彼思（Ted Bates）本人創立於1940年的紐約，2003年為WPP所併購。

圖2　達彼思品牌輪盤

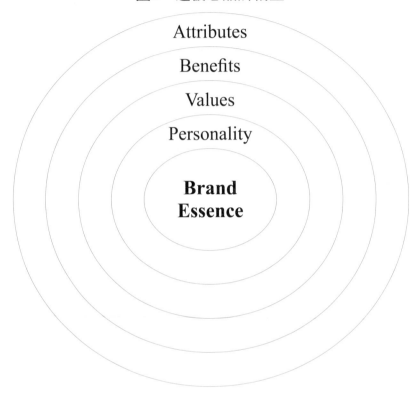

Attributes

Benefits

Values

Personality

Brand Essence

建構達彼思品牌輪盤的關鍵有以下兩個思考點：一是輪盤中的每個要素彼此之間都具有關聯性，且環環相扣的，有什麼樣的品牌屬性，就會帶出與其相關的品牌利益和品牌價值。二是在建構每一個要素時，都需要再三思考這個要素和競品之間的區隔度，如果品牌屬性和利益的區隔度不夠，就試著從品牌價值和品牌個性上創造，最後才能打造品牌精髓所在。

我們以蘋果電腦為例，蘋果的品牌屬性在於持續領先創新的產品功能，完整生態系的建立。品牌利益是使用蘋果電腦，讓顧客感受到外型時

尚、品質穩定、專業度提升；品牌價值是顧客會覺得自己是個走在時代尖端的專業人士，而別人更會羨慕自己的專業與時尚水準；蘋果電腦的品牌個性是一個引領潮流的時尚上班族；蘋果的品牌精髓則是挑戰極限、極簡。

（3）奧美360度品牌管家（360 Degree Brand Stewardship）

奧美廣告（Ogilvy）在20世紀90年代初，提出了「品牌管家」（Brand Stewardship）[44]的管理思維。品牌管家簡單的說，就是理解消費者對產品的感受，並將之轉化為消費者與品牌之間的關係。到20世紀90年代中期，隨著整合行銷傳播（IMC）觀念的風行，奧美又提出「360度品牌管家」，從產品、形象、消費者、通路、視覺管理、商業聲響等六大層面出發，強調在「品牌與消費者的每一個接觸點」上實行傳播管理。

圖3　奧美360度品牌管家

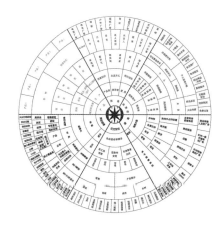

44　奧美品牌營銷模型及策略（https://www.opp2.com/237549.html）

360度品牌管家，是一套完整的作業過程，也是一個管理品牌的全方位思考，以確保所有的行銷傳播活動都能反應並忠於品牌的中心思想。但事實上，只有極少數1%的企業有能力使用這樣的一個工具，絕大多數的中小企業用不上，也用不起360度的推廣活動，這也可能是為什麼奧美沒有持續推廣。不過，這個模型卻可以幫助我們思考及檢視全方位的品牌管理。

（4）奧美The Butterfly Model

　　繼90年代提出360度品牌管家，奧美於2000年後再度提出了The Butterfly Model[45]，這個品牌管理模型展開來就像是一隻展翅的蝴蝶，左右

圖4　奧美The Butterfly Model

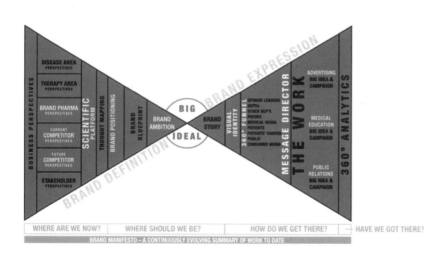

45　奧美品牌營銷模型及策略　（https://www.opp2.com/237549.html）

兩端是一個大開口，左半部是品牌定義（Brand Definition），收斂至品牌大理想（The big ideaL）注意不是big ideal，右半部將The big ideaL放大為品牌表達（Brand Expression），與消費者全面接觸。

相較於360度品牌管家，The Butterfly Model執行起來有一個明確的優先順序，更容易被理解，而且也回到品牌行銷傳播公司，以傑出的創意圍繞消費者，幫助企業建立品牌的初衷。

綜觀以上全球各家品牌管理模型，都有一個共通點，就是不管哪種模型都有一個品牌核心思想為中心點，正所謂殊途同歸！只是各家的企圖心不一樣，電通及達彼思的模型在於定義品牌，而奧美的模型則延伸至消費者需求及觀點的探尋，再來定義品牌，並將之放大。

這裡也涉及一個很嚴肅的課題，廣告代理商或品牌顧問公司，到底有能力幫客戶管理品牌嗎？這牽涉到兩個層面：首先，企業手上不是只有現成的品牌要管理，為了市場的成長，還需要與時俱進創建新品牌，代理商及顧問公司有可能一開始就參與嗎？這個投資是否符合雙方的投資報酬率？答案應該是否定的。

其次，企業為了經營既有品牌，每天所進行的企業活動，包括銷售、配送、客服、門市服務，以及各種各樣的線下線上活動，時時都在全方位接觸各種利害關係人，包括廣大的消費者。這當中的每一個接觸點，縱使是服務人員一句短短的問候語，都在形塑消費者及社會大眾對品牌的認知與認同。你認為代理商或顧問公司，有辦法參與嗎？答案應該也是否定的。

除了極少數的大型企業，有能力花得起錢請品牌顧問公司來指導，對於大部分的中小企業，管理品牌恐怕得要靠自己！

3.2 品牌創新管理模型PPCB

　　看完上一篇文章，你有沒有發現文中提到的全球品牌管理模型，都有一個共通點，主要就是為了行銷傳播溝通的目的。但是，當企業到了執行應用，就超越了行銷傳播溝通的範圍，而是從生產到銷售，從內到外，從實體到線上，全方位的企業活動，也是全方位的接觸消費者。

　　我從過去為廣告客戶行銷品牌的經驗、奧美整合行銷傳播集團所接受的品牌訓練，以及在學術上對品牌領域持續的探索，大量的學習了品牌的理論與實務。2016年，我毅然放下手中的工作，到加州大學爾灣分校進修大數據預測科學，回來後開始將品牌管理融入大數據的概念，並擔任多家企業的大數據品牌首席顧問。

　　結合了我職涯全心投入品牌實際操盤經驗，加入大數據科學的養分、客戶輔導的實際場景，我想跟你分享一個企業建立品牌，從無到有，可以一步一步遵循的品牌管理模型：PPCB Model。

　　PPCB是由兩部分內容所組成，是Price-Product-Customer-BrandInsight的縮寫，指從0到1建立一個品牌所要思考及定義的深度內涵。

　　多品牌經營擁有多樣化的方式，包括大家耳熟能詳的豐田汽車在TOYOTA這個主要的品牌傘下有從Yaris、Altis、Camry到Lexus，各個涵蓋不同價格帶與消費者族群的產品品牌；更有像OLAY、吉列刮鬍刀、幫

寶適、SK-II、沙宣等各品牌獨自經營的寶僑公司（P&G）。

在王品發展多品牌的初期，是如何快速的創立品牌，同時讓每一個同仁快速的進入共同的理解及實踐？你一定會同意，必須要有一套簡單易懂的模型及流程，可以用來訓練及遵循。PPCB就是源自這樣的一個背景誕生的。（圖1）

圖1　PPCB催生新品牌

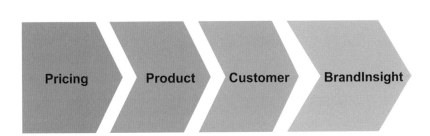

PPCB是經過實務驗證，做為為發展新品牌、多品牌的思維模型也是操作流程。分別說明如下：

第一個P，Pricing（定價）

當你創業，到底是先有產品？還是先有定價策略？

對於大部分創業者而言，是技術或業務背景出身，而誕生了一個產品的想法，例如facebook的左克柏（Mark Zuckerberg）；或者為了解決一個消費痛點，如Airbnb的切斯基（Brian Chesky）因為參加舊金山設計大展租不到房子住宿，而萌生自行創業的念頭。

對於企業定位很清楚的公司，通常會聚焦本業，很清楚自己要出什麼產品，比如王品集團主要聚焦餐飲；P&G的洗髮精部門就是行銷各種洗髮產品，滿足每一個消費者；TOYOTA汽車則是以各種汽車品牌區隔不同市場。對於這些公司而言，要進入何種市場已經清清楚楚，所以會進一步思考要推出什麼價位的產品來區隔市場。

以當年王品創立石二鍋[46]的背景為例，並不是一開始就決定要經營火鍋的。2008年，面臨金融海嘯，消費者荷包緊縮，公司宣布進入庶民經濟時代，所以決定推出200元左右的新品牌，但是沒有人知道要賣什麼！

第二個P，Product（產品）

當價格決定後，大家開始集思廣益，苦思150~250元可以有什麼產品值得經營？各種想法隨之而來，如拉麵、定食、簡餐、義大利麵、牛肉麵、泡菜鍋、Pizza、小籠包、平價鐵板燒等等，接著，就是要從這些可能的選項中，評估哪一個最值得經營。

當你想清楚要進入一個市場建立品牌，最重要的是要評估進入這個市場是否有利可圖？很多人都忽略這一點，而一頭栽進去，最後才發現這個市場根本不值得經營。你也不要把評估市場當作是一件如教科書般複雜的分析。

我過去服務客戶或在公司內新創品牌，只問自己及大家兩件事情：市場規模及市場潛力。例如你要賣保健飲料，就要回答這個市場規模是否足夠大？如果不夠大，是否有成長的潛力？石二鍋便是在這樣的邏輯下誕生的品牌。

46　石二鍋的創業團隊：曹原彰、陳靜玉、王益珊、張誌稼、卓素鳳、高端訓

然而，並不是創立品牌都是從價格開始的，有時候，是因為先有一個技術或產品的想法。以咖啡為例，當你要經營咖啡這個品項，需要思考甚麼是最適合的價位，也就是一個有競爭力的價格定位。例如精品咖啡店定位在一杯200元以上、星巴克咖啡價格定位在100到200元之間、路易莎則投入價格百元以下的中低價位市場，便利超商推出50元一杯的平價咖啡。這時，你要決定到底哪一個價格帶，才具有競爭力？

第三個C，Customer（顧客）

　　當有了定價與產品，自然就很容易設定消費對象。例如200元的平價小火鍋，不可能吸引目的性消費的對象，因為極少人會到小火鍋店慶祝結婚紀念日或過情人節，如此會讓當事人覺得誠意不足。

　　200元是一個較輕鬆、無壓力的價位，適合隨時隨地想來一頓飽餐的消費者，不需要盛裝打扮、一個人想來就來，這與高價品牌設定的對象及描述完全不一樣。但是，如果是1,000元以上的牛排館，對象設定可就完全不同，可能需要盛裝赴宴、慶祝重要紀念日、款待重要客戶，才值得去消費體驗。

　　以王品集團的多品牌客層定位為例，中低價位品牌顧客主要為隨時隨地而來，為了一頓飽餐的市井小民、學生、家庭、一般上班族，需求在於一頓沒有負擔的餐飲。中高價位品牌主要訴求家庭聚餐、同事同歡、朋友聚餐等。高價位品牌則著重於經營重要的紀念日、重要的商務、高階經理人的經營等。

　　PS：這裡所謂的「顧客」，並不單純是行銷對象，而是銷售對象。在

大數據時代，行銷對象的定義，必須細分到定義一個人的特徵，稱爲人物誌（Persona），除了傳統的人口統計變數定義，還包括「人物」的個性、活動、意見、興趣與生活態度等。這樣定義，是爲了未來可以更精準的爲消費者行爲貼標及投放數位廣告。[47]

第四個B，BrandInsight[48]（品牌內涵）

BrandInsight，指為品牌所定義的深度內涵，由「五層紅三角」（Five-Triangle BrandInsight）所構成，分別為產品屬性（Product Attribute）、品牌利益（Brand Benefit）、品牌個性（Brand Personality）、品牌體驗（Brand Experience）及品牌承諾（Brand Promise）。（圖2）

每一個優質的品牌，會在日常生活中逐步傳遞產品屬性、品牌利益、品牌個性、品牌體驗、最終傳遞一個核心概念給消費者，使品牌在消費者心中，擁有難以取代的無形門檻，與歷久彌新的永恆生命。

以NIKE為例，他賣的雖然是運動產品，以有形無形的方式不斷建立其「JUST DO IT」的品牌承諾，讓消費者感受到他獨特的品牌精神，穿上NIKE的運動產品後，自己也是「JUST DO IT」的奉行者，這可以說是品牌承諾具體的實現。

行銷大師柯特樂認為，「行銷決策就是主導企業的決策」，同時指出「90%的行銷在產品上市前就已經完成。」指的就是前端品牌內涵的定義BrandInsight。

47　更多人物誌的定義與作法，可以參考《數位為王》，王俊人，墨刻出版，2021。
48　BrandInsight（是不分開的一個英文字），指品牌的深度內涵，翻譯為品牌內涵。

圖2　BrandInsight品牌內涵

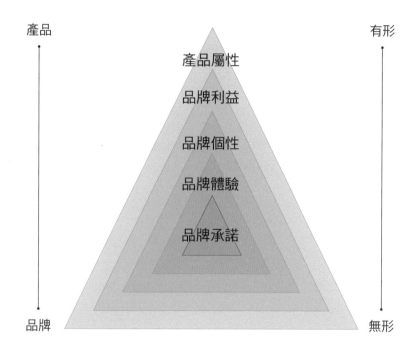

成功品牌的BrandInsight絕對不會朝令夕改，而是透過長期多層面的活動累積，創造難以撼動的品牌核心與承諾。王品創辦人戴勝益董事長曾說過的，「品牌定位可以創新，但不能變調，成功的品牌定位比創業還難。」這裡指的品牌定位，其實就是品牌的核心內涵。

PPCB模型並非以傳統行銷的4P[49]角度建立品牌，而是用另一個品牌的高度，與實際可行的方式經營產品，值得新品牌創業者思考借鏡。

49　4P即產品（Product）、價格（Price）、通路（Place）及推廣（Promotion）。

在接下來的五篇文章，我會分別跟你說明如何找出，並定義五層紅三角的五個品牌元素，你一定不能錯過。

✎ **品牌筆記**

PPCB是由兩部分內容所組成，是Price-Product-Customer-BrandInsight的縮寫，指從0到1建立一個品牌所要思考及定義的深度內涵。

3.2.1 如何定義差異化的產品屬性？

你有注意到嗎？五層紅三角的最外層是「產品」屬性，並不是「品牌」屬性。因為品牌的定義一定要從產品開始，如果沒有把差異化的產品屬性說清楚，後面四層的定義都是流於交作業，這也就是很多公司的品牌為什麼不成功，因為一開始就沒有找到差異化的產品屬性。

你會問什麼是產品屬性？產品屬性接近產品功能，但不是產品利益，很多人常常搞混了。產品屬性指的是產品的物理性特色，是產品設計時被賦予的，例如冷氣的產品屬性是冷、手機的產品屬性是通訊好、火鍋的產品屬性是湯頭好。

一般來說，產品屬性可以分為有形與無形兩種。甚麼是有形的產品屬性？大小、顏色、重量、數量、味道、觸感、材質這些可觸摸可視覺化的特性，我們稱之為有形產品屬性。那甚麼是無形的產品屬性呢？價格、品質、信用、美觀、服務、耐用等這些則稱之為無形產品屬性。

我們在建構及選擇產品屬性時，可以從三個層面來思考：（1）這個產品、服務或者設計有什麼獨特點？（2）這個獨特點可以讓品牌戰勝競爭對手嗎？（3）這個獨特點足以吸引目標消費者購買嗎？

我們來看iPhone，一開始推出時，一手可以掌握的大小、圓潤的外型與極簡的設計、圖形使用者界面、多點觸控螢幕，以及虛擬鍵盤操控，都是他主要的產品獨特點，這種完全創新的設計在市場上並沒有競爭者，只在於消費者買不買單。事實驗證，蘋果的這個產品屬性切中消費者需求，也開啟了勢不可擋的蘋果帝國。

另一在全球疫情下爆紅的產品，為美商新創健身器材公司Peloton，從疫情爆發以來，一台要價新台幣6萬元的飛輪車成為市場新寵兒，股票更累計大漲逾200％！他的產品只是飛輪嗎？如果這樣可就遜掉了！這間號稱「健身界的Netflix」的新創公司，其運動產品主要融合科技與媒體，更結合線上直播的健身教學課程，讓宅在家運動的消費者可以有多元的選擇，且透過遊戲機制的設計，讓個人即使在家運動，也可以看到自己在群體中的排名，產生群體的互動與競爭感。所以這個產品的屬性，儼然切入了一個以往只有實體運動中心，與在家自己踩飛輪的中間需求，也讓幾十年來的飛輪運動車走向一個全然不同的產品屬性。

如果我們再以產品屬性來細分，以運動鞋來看，有形的產品屬性可能在於它的顏色、屬於慢跑鞋？籃球鞋？還是造型鞋？球鞋的舒適度、柔軟度、支撐度等。它的無形產品屬性則在於，性價比是不是符合需求？外形是否符合時尚需求、這個鞋子到底耐不耐穿？

但是每種產品的屬性，都不只一個，例如冷氣的產品屬性除了冷，還可以是體積小、省電等；手機的產品屬性除了通訊好，還可以是金屬外殼、大螢幕、外觀流線等；同樣的，火鍋的產品屬性除了湯頭好，也可以是菜色多樣化、肉大份、手工丸子多等。

以運動品牌UNDER ARMOUR為例，在NIKE、adidas、PUMA等多家強大競品且戰況激烈的運動市場，仍然可以殺出一條血路，就是因為定義了明確的產品屬性。UNDER ARMOUR的創辦人發現自己不喜歡運動，是因為棉質襯衣吸收汗水後貼在身上的不適所影響，因此尋找適合的布料，並用此布料製作出將身上汗水快速排乾的運動衣，包括快乾排汗、四維拉伸、符合肌肉紋理剪裁，或者是有運動員實證的礦物纖維布料，都是具有

差異化的產品屬性。這些產品屬性，從競品及消費者的角度比較，都具備差異化的產品特色，是發展及定義品牌利益的重要支持點。

所以，開創一個品牌時，你要賦予你的產品什麼屬性，以及要挑選哪一個產品屬性做為品牌的特色，也就是定義差異化（競爭者沒有，你有）的產品屬性，便是品牌成敗的關鍵，而且是決戰在起跑點。

🖊 品牌筆記

開創一個品牌時，你的產品屬性，以及要挑選哪一個產品屬性做為品牌的特色，也就是定義差異化（競爭者沒有，你有）的產品屬性，便是品牌成敗的關鍵，而且是決戰在起跑點。

3.2.2 如何定義產品屬性衍生的品牌利益？

「我的印表機比競爭對手印一張快3秒！」跟「我的印表機讓你就算半夜才寫完畢業報告，也保證隔天早上輕鬆交件！！」你覺得哪個比較讓你心動？「這個微醫美使用最新研發4.0新式探頭，全臉1200發」與「做完這個醫美療程，臉部立即拉提2公分」，哪句話會讓你立即行動？

我想你應該會選擇第二個敘述。這就是產品屬性跟品牌利益的不同，產品屬性講的是功能，而品牌利益講的是到底為消費者帶來甚麼最終利益與價值。

從以上的例子，你或許已經得到一個結論，「消費者買的不是產品功能，買的是產品給他帶來的利益」。

iPod問世時，Apple創辦人賈伯斯是如何為品牌定調的？如果是台灣的科技公司來行銷，一定會說硬體規格有多好、記憶體有多大，但是賈伯斯將產品屬性轉換成品牌利益，就只簡單的說：「iPod，將1,000首歌放在口袋裡。」

更進一步，這個利益有可以分成有形的功能利益，以及無形的心理利益，這兩者的總和就是所謂的「品牌利益」。同樣以運動品牌UNDER ARMOUR為例，它的功能利益可以是提供給消費者舒適合身的運動穿著，讓運動起來更舒服；而心理利益則是別人認為她／他是一個內行的健身者。

品牌利益轉換也會因為社會的成熟度，而有不同。例如醬油的品牌利益可以是「有媽媽的味道」，也可以說「爸爸願意回家吃晚餐」，更進一

步可以說「一家烤肉萬家香」，有些市場的消費者因為沒有相關的生活體驗，可能就無法瞭解類似「爸爸願意回家吃晚餐」，或者「一家烤肉萬家香」的訴求了。

又例如，捷安特早期在台灣的品牌訴求是「無限延伸你的視野」，但是當捷安特進入大陸市場時，腳踏車只是代步的工具，消費者只能理解有形的功能利益，無法體會這句話所帶來的無形心理利益。所以，捷安特進入大陸市場時將這句話轉換為「換個步伐前進」的功能性利益訴求，在當地大獲好評。

在一個相對成熟的社會，消費者已經滿足了基本的生理需求，因此對品牌的要求，不僅僅在功能面，甚至提昇到心理層面的滿足。例如，當上班族午休時間，悠閒地走在路上，手上握著星巴克咖啡，要的不只是咖啡功能上的解渴、香氣，而是多了心情上的感受及進辦公室後帶來的社交利益。

所以，行銷大師科特勒（Philip Kotler）指出，品牌不僅可提供功能上的利益，可反應出顧客對品牌的自我投射，使顧客對品牌產生較深的情感。

行銷學者凱勒（Kevin Lane Keller）也指出，品牌利益是由產品或服務屬性所賦予個人的價值，包括：（1）功能性利益：產品或服務所產生的實質利益；（2）體驗性利益：與使用產品或服務的感受有關；（3）象徵性利益：消費產品或服務時所附帶的利益。

上述（1）是有形的功能性利益，（2）、（3）可以歸類為無形的心理利益。**無論哪一種品牌利益，都是由產品屬性衍生而來，產品屬性就是品牌利益的支持點。**例如因為印表機的列印速度快，才能讓你輕鬆交件；

因為機能性的布料，才能讓運動起來更舒適。

實務上，你要如何選擇及定義品牌帶給消費者的利益？還是要回到前文在品牌屬性所提到的，**你選擇的這個品牌利益必須要有獨特性、競品無法提供或者不如你，同時對消費者有極大的吸引力。**

你必須要去探討每一個屬性，找到一個這樣的交集。如果第一個屬性找到的利益點，競爭者已經在消費者心中佔有這個位置，你就必須換一個。例如Fedex訴求隔夜送達；DHL就訴求可以裝進一頭大象；7-11訴求便利，全聯訴求幫你省更多；Uber Eats訴求餐飲名店進駐；foodpanda訴求立即滿足。

要創造一個差異化的產品屬性及品牌利益，在成熟的社會，可以說非常不容易。萬一你還是沒有辦法找到這樣的一個交集，也就是你的產品沒有特色、太同質化。然而，如果這是一個品質優良的產品，此時你可能還有兩個可能一拚的機會：

一是你手握龐大的行銷預算及資源，利用各種合作、優惠、促銷、補貼把競爭者打垮（這是現在很多平台品牌的策略）；不過，往往事與願違，我們之所有需要品牌定位，就是因為除了大品牌外，沒有人擁有足夠的資源。二是你可以為產品創造虛無縹緲的品牌形象，或者形塑鮮明的品牌個性，當作是品牌的利益點。

最後，無論你選擇了哪一種品牌利益做為訴求，**這個品牌利益必須是消費者選購產品時的考量因素之一；如果是前三名的因素，成功機率就大大增加！**

✐品牌筆記

在一個相對成熟的社會，消費者已經滿足了基本的生理需求，因此對品牌的要求，不僅僅在功能面，甚至提昇到心理層面的滿足。

3.2.3 如何定義目標客群認同的品牌個性？

　　如果把品牌比喻成一個人，這會是一個甚麼樣的人？男的、女的？年輕的、成熟的？沉穩的、冒險的？時尚的、古典的？目標族群會選擇他們所認同的品牌個性，品牌個性不但會影響消費者的消費意願，更累積成為消費者對這個品牌的長期認知。

　　說到法國女性，你的第一個想像是甚麼？浪漫、優雅、風情獨具；講到西部牛仔，馬上進入腦海的應該是粗曠的性格、滿臉的落腮鬍，與打抱不平的日常；說到喬丹（Michael Jordan），你想到的是運動精神與球技絕佳的明星球員。只要一提到這些人物，相信你的腦海馬上湧現鮮明的個人形象，那你可能會問？品牌為什麼也需要有個性？

　　品牌如果有識別或符號，可以增加消費者對品牌的記憶；但是，如果品牌展現出跟人一般鮮活的個性，就可以增加消費者對品牌的認同，也就能吸引一群想要成為這種品牌個性的死忠顧客。

　　品牌大師艾克（David A. Aaker）說：「品牌有個性，可以讓你的品牌與眾不同。」我們可以從幾個大家耳熟能詳的品牌，就可以看到清楚的範例，從哈雷機車（Harley-Davidson）展現的野性狂放、蒂芬妮（Tiffany）展現的浪漫情懷、麥當勞的歡笑快樂、NIKE盡力展現最好的運動家精神等。這些品牌鮮明且一致的品牌個性，為品牌圈到更多死忠的粉絲。

　　但是形塑品牌個性，也是許多企業最弱的一環。企業管理者可能擅長於目標訂定、策略發展、制度設計，對於無形的品牌個性，常常束手無

策，要不就委託品牌顧問公司。

訂定品牌個性，我們可以先將品牌想像成一個人，然後從人口統計、生活型態、心理狀態等多元層面進行描述，再根據這些描述，轉化為一種淺顯易懂的個性。

首先，就人口統計學來看，你覺得這個品牌是男的、女的、還是中性？是年輕的、成熟的、還是老少咸宜？就生活型態而言，品牌如果是個人，他喜歡從事甚麼活動？他的興趣是甚麼？他與人相處的時候會表現出甚麼樣的模樣？就心理層面來看，他的價值觀是甚麼？他心裡有什麼樣想要達到的夢想等。根據以上內容，我們可能會得到諸如品牌是個「年輕的冒險家」、「浪漫成熟的女人」、「喜歡幻想的兒童」等等的品牌個性定義。

品牌個性並非幾個企劃人員，坐在一起拍拍腦袋就可以達成的，一旦決定了品牌個性，就需要長期維持這個品牌既定的個性，就像今天如果有個人一下狂放不拘小節，過一陣子突然溫文有禮，令人摸不著頭緒，想說這個人是不是生病了。

同樣的道理，如果你的品牌個性前後不一，變來變去，顧客也會摸不著頭緒，對品牌忠誠度便難以建立，所以品牌個性的決定過程中一定要審慎評估。

我認為，選擇品牌個性，就等於決定一個人的命運，可以從相關性、需要性、差異性、簡單性及執行性等五個角度，審慎評估。

（1）相關性

這裡指的是所設定的個性，一定要與產品或服務、主要客層或

BrandInsight品牌深度內涵有關。例如迪士尼的個性是「快樂歡笑的夢想製造者」，主要的顧客對象就多為家庭、孩童跟想要獲得歡樂的年輕人。

（2）需要性

指的是所投射的個性，對消費者具有品牌利益。例如保時捷（Porsche）強調的是強烈駕馭感的訴求，是個挑戰自我、駕馭速度操控感的男性，對於要求極致駕馭感受的高端族群擁有難以抵抗的吸引力，因為認同這樣的品牌個性，願意付一般房車好幾倍的價格購買，這種以非基本需求，而是個性強烈投射的需要性。

（3）差異性

指的是品牌所定義的個性，需要與競爭對手有所區隔，例如你如果是新進的速食品牌，但強調跟麥當勞一樣的歡樂氣氛，除非你有相當特別的產品區隔，不然很難有超越麥當勞的機會。

（4）簡單性

如果你的個性相當複雜難以形容，我想你的朋友也很難記住你的樣貌，所以我們在定義品牌個性的文字切記要簡單易懂，直達人心。例如熱情、自然、貼心等，都是很直覺簡單的描述。

（5）執行性

所定義出來的個性要能夠簡單的被溝通與執行。有的個性較難以溝通表現，或難以在平面媒體呈現，像是悶騷、堅毅等，可能就需要用比較多

元的方式或時間進行溝通教育，所以有經驗的品牌管理者，在品牌個性的選擇上，會考量後續的執行性。

品牌個性是不是一定要同時符合上述所有的條件才可以呢？不是的，但是我認為如果你能符合愈多項目，成功的機率也會愈高。

我也發現，大部分的企業不是沒有為品牌定義個性，而是沒有有效傳達。很多企劃人員也誤會了，以為品牌個性是要寫下來跟消費者溝通，例如「我有運動家的精神」或「我喜歡運動」。其實，最有效的溝通方式，是把文字轉換成視覺表現，例如NIKE要訴求運動精神，就是運動員汗流浹背、奮力一搏的展現；想要表現叛逆，只要身上有大片刺青、穿著奇裝異服，就足以傳達。

有一種不幸也是常態，就是創業者的產品沒有特色，也就是同質化太高，此時善於品牌行銷的經理人，就會賦予強烈的品牌個性，做為品牌差異化的策略。你仔細觀察，這個現象在飲料市場是不是特別明顯？例如礦泉水幾乎都一樣，所以有品牌訴求耍酷「多喝水」；碳酸飲料也一樣，說不出有什麼特色，所以可口可樂訴求「歡樂」，來贏取消費者的認同。

但是，並不是每一個品牌都有明確的品牌個性，只是有個性的品牌，有更高的消費者認同及品牌資產。形塑個性，就是形塑對品牌的認同。

品牌有了個性，才開始由「物」變成「人」。

✎**品牌筆記**

品牌大師艾克說：「品牌有個性，可以讓你的品牌與眾不同。」

3.2.4 如何創造具有記憶點的品牌體驗？

　　記得我有次在網路上看到一件還不錯的衣服，點進去要購買的時候，按照往例品牌要我登錄會員，結果登錄過程中它提醒我已經是會員，請我加入Line群組詢問，之後經過種種過程，我不得其門而入，便決定放棄，並直接將這個品牌列入拒絕往來戶。

　　再說說我買了支新的Apple Watch，因為選了特殊錶帶，為了早點拿到，前往在信義區的Apple Store領取，Apple Store在預約好的時間，準備好產品等我親自領取。過程中雖然有不同的人負責取貨、教學等不同工作，但整個過程相當的無縫接軌。接著在一旁的教學區開著各種五花八門的課程，讓人忍不住想坐下來多聽聽Apple有哪些隱藏版的功能。

　　「一個壞的品牌體驗，會讓你終身失掉一個顧客。」善於創造體驗的星巴克創辦人舒茲（Howard Schultz）這麼說。10幾年前，可能沒有人知道品牌體驗是甚麼概念，直到《體驗行銷》（Experiential Marketing）一書出版，讓許多品牌開始正式體驗經濟的存在。

　　但說實在的，當時真正奉行者很少，主要原因在於當時品牌以消費性產品為主，而當時的品牌訴求都集中在產品屬性的包裝闡述，例如冷氣就是要強冷、省電；電腦就是要CPU速度快、效能高。

　　星巴克可以說是品牌體驗的先驅，讓台灣人開始體驗到，原來就算喝不出咖啡的香醇，但是走進星巴克就是品味的象徵，展現跟過去不同的完美體驗感；而Apple Store，則是把體驗做到極致。

　　體驗是視覺的、感官的、感性的與氛圍的，它是所有你跟顧客接觸點

所帶來的整體感受總和。品牌體驗感受不但難以輕易被帶走，持續累積更能夠成為品牌的長期競爭優勢。

以在2020年疫情重挫下的旅遊業為例，KKday這個過去專為國外自由行客戶，提供客製化旅程的國內新創旅遊平台，為想來台灣卻無法出國的日韓旅客提供線上偽旅行，包括與行天宮地下街算命館合作的線上算命、與九份合作的線上泡茶、與線上平溪放天燈等特色體驗，更在日本舉辦偽台灣旅遊，帶日本旅客吃當地的台灣小吃、逛當地的媽祖廟等，透過獨一無二的品牌體驗，創造旅客對品牌的高黏著度。

品牌體驗跟整合行銷一樣，必須是全方位的，尤其現在與顧客的接觸點，並非只有實體店面，各種社群媒體、平台、網路媒體的無所不在，更考驗著全方位的品牌體驗。

我記得之前一個朋友提到，因為看了一本介紹著名牛肉麵店的書，決定不管多忙都一定要前往品嘗。結果，到了店面，發現現場不但凌亂不堪，上菜服務更是令人不滿意，本來期望很高，卻失望更高，發誓今後一定不會再踏入這家麵店。

本來應該是品嘗後帶進更多的口碑顧客，結果卻帶來更多負面宣傳，這就是品牌體驗不一致所造成難以挽回的殺傷力。

所以，全方位的品牌體驗不只是行銷人員的事，也不是實體通路服務人員的事，也不單純是客服人員的事，絕對是一項全員工運動。

我們進一步來看，體驗的經營可以分為外部體驗與內部體驗，

（1）外部體驗

是指消費者尚未進入消費場域前，所接觸到的所有溝通內容，包括廣告、官網、APP、POP、DM、招牌、影片、書籍等，都要傳達一致的訊息，在第一時間勾起目標群眾的興趣。

如果無法透過外部體驗引發顧客興趣，可能會讓顧客覺得「這家咖啡廳的設計看起來有點俗，咖啡跟甜點應該不怎麼樣吧！」因為這樣錯失顧客接觸品牌的第一次機會，不是太可惜了嗎？就算本來的餐點相當優質，沒有好好掌握第一次接觸的機會也是枉然。

（2）內部體驗

是指顧客進入消費或服務場域後的體驗，不管是實體或虛擬的環境，以零售品牌為例，又分為入店時、進店中、購買後。

入店時：裝潢氣氛是消費者感受到的第一個體驗，這個體驗也太重要了，因為裝潢氣氛也決定了客層（是價位以外最重要的因素）。

太高級貴氣的裝潢，一般人不敢進去；燈光太昏暗的裝潢，年紀大的人不喜歡。入店時的體驗可以從聽覺、視覺、嗅覺等來設計。聽覺上，是否聽到熱忱的招呼聲、悅耳合宜的音樂聲；視覺上，裝潢氣氛是否品味得宜，各項牆面裝飾是否具有美感；嗅覺上，甚至店裡傳來的氣味都會讓客人留下深刻的印象。

AVEDA是草本植物香氛保養品牌，來到AVEDA，除了聞到自然芳香的氣味，服務人員還會遞上一小杯康福茶，讓你感受AVEDA式的歡迎。

進店中：如果是餐飲業，就是用餐中的體驗，優質的餐具可以提升菜

色的美感，讓食物看起來更好吃，王品集團用「三哇」來評量菜色，第一哇指的是餐點端上桌，期待顧客光用視覺體驗會興奮的「哇」出來[50]。

如果是一般零售業，賣場的陳列及服務就變得很重要了，例如Apple的專賣店提供簡潔、清楚、具有吸引力的產品陳列，服務人員不壓迫，卻隨時可以找得到的服務與解說，差異化的現場體驗，超越產品，成為品牌的競爭優勢，讓我逛賣場時忍不住又多買了幾條錶帶跟iPhone的配件。

除了實體的場域，虛擬的場域也是內部體驗重要的一環，例如進到一個網站想要購物，但動線不良；在Google輸入關鍵字，結果點擊進站的登錄網頁與預期不符；網站顯示有問題，或每個頁面都要等待很久；顧客想要搜尋產品，進站內找不到產品；顧客已購買產品，但繼續看到同一廣告；顧客對產品感興趣，但產品已售完等，都是極不完美的內部體驗，也絕對是顧客不再上門的重要因素之一。

消費後：就是客人離去前會做的事，包括上化妝間及櫃檯結帳。如果是餐飲業，顧客會用化妝間是否乾淨無味，來判斷一間餐廳的水準。我曾有一次到便利商店買咖啡，因結帳人員粗聲回話，破壞了喝一杯咖啡的好心情。

在大數據時代，服務業導入行銷科技，例如FinTech支付工具，加速結帳速度，避免排隊，帶給客人最後一哩的美好體驗，留下好印象。

隨著MarTech大浪趨勢來臨，絕對要善加利用科技與人性的結合，服務業導入行銷科技工具，例如顧客關係管理系統（CRM）、顧客數據平

50　第二哇是食物放到嘴裡時：「WOW！怎麼這麼好吃！」第三哇是買單時：「WOW！怎麼這麼物超所值。！」

台（CDP）或行銷自動化（MA）工具等[51]，都是品牌創造美好消費後體驗，可以深耕的工作。

如果說壞的體驗，讓你終生失掉一個顧客；反之，一個美好的體驗，為品牌帶來無形的競爭力，這正是一般台灣企業經營品牌最容易忽視的地方。

✐品牌筆記·

壞的體驗，讓你終生失掉一個顧客；反之，一個美好的體驗，為品牌帶來無形的競爭力，而這正是一般台灣企業經營品牌最容易忽視的地方。

51　請參考《以MarTech經營大數據會員行銷》，高端訓著，時報出版。

3.2.5 如何提供消費者長期的品牌承諾？

　　為什麼我們常說壓軸表演？為什麼安可曲總在表演的最後？就跟我們聆聽一場音樂會一樣，有了開始的震撼旋律，有中間令人沉浸聆聽的美妙音符，但若結束前後沒有帶給觀眾深刻的壓軸表演，彷彿總是少了這麼一點記憶點，也少了期待再次演奏的餘韻。品牌承諾（Brand Promise）在品牌經營中，扮演的正是這樣的角色，不但讓顧客產生期待，更讓一切的溝通與活動被記憶並聚焦。

　　品牌承諾，就是從品牌帶給消費者的產品屬性、品牌利益、品牌個性、品牌體驗四項因素的萃取與總和，更是BrandInsight的核心價值。

　　品牌承諾，通常可以用一句簡潔有力、清楚易懂的文字進行表達，更可以成為品牌宣傳的標語（Slogan），例如NIKE的「Just Do It」、王品牛排的「只款待心中最重要的人」。

　　品牌承諾並不是憑空想象，它的形成也要同時滿足企業觀點、競爭觀點與顧客觀點。

　　企業觀點：不論是產品或服務，必須是企業做得到，顧客也感受得到的，不然只會淪為一句口號。譬如，聯邦快遞（FedEx）的「隔夜送達」，就是將品牌承諾發揮到極致的表現，顧客一看就能體會到你委託的包裹，絕對能即時並安心的送達目的地。如果是「We are family」，就比較像是企業內對員工的承諾，身為顧客比較難感受企業或品牌如何把你當成一家人，對消費者就沒有什麼意義。

　　競爭觀點：主要是你的品牌承諾不可與競爭品牌有相似度，特別是那

些比你更具品牌力的品牌。第一個，顧客感受不到你的特別，你做的溝通可能最後都回歸到你的競品；更甚者，顧客會把你的創意視為抄襲。所以，除了你想表達的品牌承諾，一定要觀察市場脈動，以免讓品牌受傷。就像很多運動品牌的品牌承諾都很接近，最後大家會記得的還是NIKE的「Just Do it」。

顧客觀點：品牌所做的承諾一定要從顧客的角度出發，從以下的知名品牌定義，又可以細分為產品面、利益面、服務面、態度面、價值觀、生活型態、未來期待等不同角度的訴求。

產品面，如FedEx「隔夜送達」；Airbnb「Don't Go There. Live There.」；

利益面，如Walmart「Save money. Live better.」。

服務面，如王品牛排「只款待心中最重要的人」、華航「以客為尊」；

態度面，如 NIKE「Just Do It」、UNDER ARMOUR「I can do all things」。

價值觀，如Apple「Think different」、Google「Don't be evil」；生活型態，如全聯「買進美好生活」、Panasonic的「ideas for life」；

未來期待，如De Beers「價值恆久遠，一顆永流傳」、日立「Inspire the Next」。

21世紀ESG大浪來襲，Z世代高度認同減碳、碳中和、環保、關懷、社會包容等，是企業在定義品牌承諾可以考慮的內涵，畢竟目前只有少數企業注意到這個議題，把這個概念列入品牌承諾更是鳳毛麟角，這也是企業品牌重定位的大好機會！

但是，當你確立了品牌承諾那只是開始，讓顧客有感受才是王道。事實上，很多品牌都有承諾標語，但確定標語後，後端的行為卻與標語脫鉤。企業的所作所為，一定要落實品牌承諾，並把它發揮到淋漓盡致，否則對於顧客而言，也不過就是一句空話。

　　然而，也並不是每一個品牌都有標語。有標語的好處，是標語幫忙傳遞品牌價值；壞處是，多一個標語增加消費者記憶的負擔。所以，**如果你不會善用標語的力量，寧可沒有標語。如果你要為品牌設計標語，就該好好發揮它的價值。**

　　我也觀察到很多平台品牌沒有標語，或者有標語，但是沒有好好發揮一致的應用，或者標語變來變去，不知道哪一句才是品牌的承諾。例如Airbnb除了「Don't Go There. Live There.」，也有「Belong Anywhere」等，只能說網路新創科技公司很多是工程師創業，他們具有一些傳統企業沒有的優勢，例如市場的開創者、燒不完的資金、數位科技的能力等，這些因素構成產品差異化的優勢，所以初期對品牌的需求是不高的。

　　我們之所以需要品牌，就是因為產品同質化太高，只要產品有獨特性，沒有競爭者，光訴求產品即可勝出，國營或獨佔企業就是最好的例子。但是這些網路平台品牌，最終也會走向產品同質化，市場飽和化（例如電商品牌），未來還是要靠品牌來差異化了。

　　如果你的品牌有了標語，你要想的是怎麼讓消費者知道？除了少部分品牌擁有龐大的廣告預算，能夠把標語宣告得大眾皆知（例如麥當勞的I'm Lovin It）；然而，大部分品牌並沒有這麼幸運，因此最好的方法，就是在每一次的宣傳中置入品牌承諾，品牌資產就會一點一滴的累積。

　　很多經理人把品牌標語束之高閣，消費者甚至不知道這個品牌有標

語，為了克服這個問題，我規定品牌跟標語必須同時出現，而且一定要排版好、位置要固定，兼顧美感與記憶。

史密特博士（Dr. Bernd H. Schmitt）在《體驗行銷》一書中提到：「企業花費許多金錢以獲得顧客青睞，卻缺乏傳遞品牌承諾，造成顧客的不滿與高度品牌轉換。」一語道出落實品牌承諾的重要性。

✐ 品牌筆記

品牌承諾，就是從品牌帶給消費者的產品屬性、品牌利益、品牌個性、品牌體驗四項因素的萃取與總和，更是BrandInsight（品牌內涵）的核心價值。

第 **IV** 部
10大品牌行動

ESG
Environmental
Social
Governance

Apple   ZARA
Google   UNIQLO
NIKE   Walmart
adidas   IKEA
H&M   Mercedes

4.1 紅三角酷　深耕品牌

在一場研討會中，聽到台灣一家成立20多年的髮品公司創辦人提到，過去因為自擁髮品技術與研發資源，在客戶的要求下，多元發展了從髮品、身體養護、精油到家庭清潔等多樣用品，結果發現業績並沒有等幅的成長。在聚焦產品線後、赫然發現，砍掉80%的產品，業績卻逆勢成長30%，產品線太多不聚焦是個大問題。

英國潮牌Superdry過去也是以材質優良的潮流形象打進市場，後來卻因為業績壓力，生產了一定賣得掉的帽T、外套等明星產品，更發展出許多周邊產品，像是水壺、鉛筆盒等。全球商務服務公司LiveArea諮詢總監雅各布斯（Elliott Jacobs）也指出，「你怎麼能讓想買帽T的消費者，最後帶著鉛筆盒走出去？發展多樣化產品的前提，是不能損害品牌形象、不能影響原有核心產品的發展[52]。」

無論是國內或國外的案例，都教會了我們：**企業經營必須聚焦及實現BrandInsight（品牌內涵），才容易成功**。

那到底哪些事情需要先聚焦？接下來，我要用「紅三角酷」[53]來為你解釋。

52　Superdry重返台灣 品牌最紅四個字為何被消失？（https://bit.ly/381vqD6）

53　內部訓練時，這個圖用王品的「紅」畫，同仁覺得用一個三角形幫助他們快速瞭解品牌非常「酷」，因而得名。

企業經營品牌，每天需要為顧客做的事，不超過三件，就是提供：優質的產品、合宜的服務與適當的氛圍。這三件事以BrandInsight（品牌內涵）為中心，產品、服務、氛圍在三個角落，剛好畫成一個三角形（圖1）。這就是「紅三角酷」，聽起來很簡單，實現起來卻大不容易！

圖1　紅三角酷

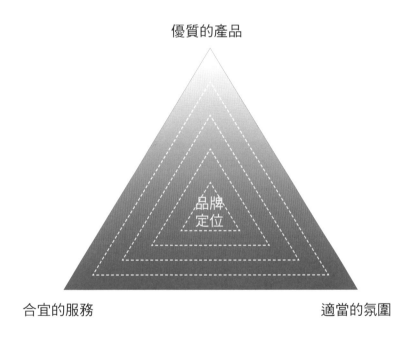

經營品牌，就如同射飛鏢，而「紅三角酷」就是那個靶心；如何射中靶心，就要焦點深耕，任何與「紅三角酷」相衝突或造成傷害的做法都要被排除。

（1）產品研發

一般人總以為有好的產品就好了，好產品會說話，為什麼要有品牌概念，這不是太麻煩了嗎？

過去曾有位區經理問我，主廚研發的壽司這麼好吃，陶板屋為什麼不能賣？有了BrandInsight（品牌內涵）後，這變成一個很好解決的問題，因為陶板屋的菜色定位是和風創作料理，所以傳統壽司與陶板屋的定位不相符。

那業務單位可能會問，可是這是消費者愛吃的？有錢賺為什麼不可以？

答案很簡單，拉麵也是大家愛吃的，但是如果麥當勞賣拉麵，山東餃子館賣薯條，這些也都是消費者喜愛的啊！但是不是該賣，這個比喻應該讓你有所領悟。

這個例子是不是跟前述Superdry很像？「**如果什麼都賣，短期會讓你賺到5%的業績，長期卻減損了95%的品牌形象**」，我常用這句話跟企業經營者分享。

產品研發及負責業務的人，常以為有了好產品就可以甚麼都賣，但如果已經決定要發展品牌，就不能缺乏焦點或模糊焦點，以免吞蝕品牌跟消費者的關係。

（2）顧客服務

好的服務設計，無時無刻傳遞著品牌的價值主張與個性。從人員服裝、言語舉止都在在傳達著品牌個性。所以當客人走進銀行、餐廳、醫

院、飯店，或坐上飛機、火車，他們與這個品牌的每一個互動，都需要經過設計，才能帶來滿意的顧客體驗。

以飯店為例，走進宜蘭的蘭城晶英酒店，童趣的房卡，擺滿小朋友賽車與電動的大廳，為小朋友提供歡樂體驗課程的大哥哥、大姊姊，沒有家長會因為喧鬧的孩子哭聲或笑聲而生氣，這種歡樂的氛圍，讓蘭城晶英成為宜蘭廣受歡迎，且旺季一房難求的親子酒店。

但當你走進台中谷關的虹夕諾雅，則是另一種完全不同的氛圍。飯店的服務，讓你忘卻塵囂，浸泡在寧靜的山林歲月。服務人員迎賓時，從迎賓大廳的果乾、特製鮮果水，到清晨的伸展操、旅人帶回家的手作小盆栽，每一個服務設計，無論接待眼神、肢體語言，甚至說話節奏、音調和速度，都為你設想好，不多不少，剛剛好！這種獨特雅緻的顧客服務，為這家來自日本的超五星級渡假飯店，讓人一次體驗，久久不能忘卻！

（3）氛圍體驗

購物氛圍與門市裝潢很重要嗎？對品牌有影響嗎？沒錯，這個答案很明確，也對品牌有著極大的影響。

一般人總以為把購物環境或餐飲店面裝潢得美美就好，裝潢就是裝潢，跟品牌哪有甚麼關係？殊不知，裝潢是消費者感受BrandInsight（品牌內涵）企圖的第一關。

消費者在還沒有體驗到產品前，所接觸、所看到、所感受到的，盡是裝潢所呈現出的氛圍，而這個氛圍所帶給消費者的感受，將成為其對品牌的第一印象。

對於零售品牌來說，裝潢氛圍尤其是很重要的品牌力，但是常常被台

灣的企業所忽略，他們寧願花錢去做數位廣告，卻認為把「門面」做好是一件浪費錢的投資。

好的裝潢氛圍，絕對能夠為產品加分，你看看很多精品品牌就知道，他們會把門市妝點的高、大、尚，以墊高品牌在消費者心目中的價值，讓你願意掏出高價來購買。

Apple不也是一樣嗎？你以為光是手機好就夠了嗎？挑高、穿透、明亮，創新的門市設計，讓粉絲趨之若鶩，願意在店內停留更長的時間，細細的瀏覽各種產品，這樣的氛圍設計，為品牌加分是無形的。

無疑的，氛圍已經是產品力的延伸，品牌力的一部分。你一定要記得，先敬羅衣後敬人的道理，要經營品牌，尤其是零售品牌，先要把門店妝點好。

「紅三角酷」代表的三個經營層面，必須在BrandInsight（品牌內涵）的最高指導原則下進行，也就是**產品研發、顧客服務及氛圍體驗，必須遵循BrandInsight的指導（圖2）**，不是隨著經營者的個人喜好而做（這是台灣企業經營者最常犯的問題之一）。

「紅三角酷」，讓事業經營在品牌競爭的茫茫大海中不致失焦，更能建立具有差異化的優越性特色，贏得消費者對品牌長久的認同。

圖2　企業經營遵循BrandInsight

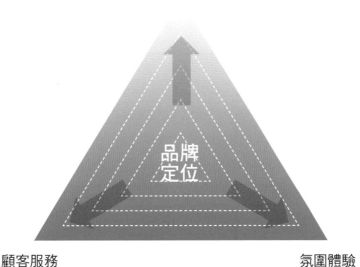

產品研發

品牌定位

顧客服務　　　　　　　　氛圍體驗

✐ 品牌筆記

產品研發、顧客服務及氛圍體驗,必須遵循BrandInsight(品牌
內涵)的指導,不是隨著經營者的個人喜好而做。企業經營必須
聚焦及實現BrandInsight,才容易成功。

4.2 平台品牌成功金三角

　　現在搭車，你會用什麼方式叫車？Uber？想要出國旅遊，除了旅遊網站，你也一定會上Airbnb找找當地性價比或特色民宿進行比較。

　　2010年美國《時代周刊》將「共享經濟」列入「十大將會改變世界的主意」之一。Uber、Grab、Airbnb、foodpanda等獨角獸的出現，更讓平台共享經濟開始改變了消費者的使用行為。消費者從嘗試到信任，願意參與共享經濟活動的比例大幅提升，讓平台共享經濟成為另一個重要的品牌戰場。

　　你可能會問，共享平台跟實體品牌經營很不一樣嗎？Uber共同創辦人卡蘭尼克所說的：「我們不是以市場為核心打造一個產品，而是以滿足顧客為核心來打造一個體驗。」

　　共享經濟跟傳統的生意模式有甚麼不同？共享經濟強調的是「去中介化」的機制，過去我們租車，先看到了和運汽車的廣告，打電話到門市預約車輛，然後到現場取車。現在，這種與實體商家消費的行為改變，透過Uber，我們直接與那個時段可以接送你的司機聯繫，搭車付費。供給端透過網路與需求端，快速廣泛的媒合，成為平台共享經濟的核心，與傳統的生意方式有了很大的改變。

　　既然經營模式相當不同，那品牌行銷有很大的不同嗎？沒錯，平台品牌往往沒有自己的實體產品，例如Uber並沒有自己的車，Airbnb沒有自己

的旅館，平台的「介面」其實就是平台的主要產品，而信任是共享經濟的主要核心。所以平台賣的是「介面」上的「媒合」服務。對於經營平台的品牌而言，平台的「介面」及供需雙方的「媒合」構成平台品牌的金三角，缺一不可。

平台品牌的崛起，有兩種主要的數位落差，是傳統品牌行銷人一開始會面臨的挑戰：

（1）溝通對象的落差

傳統行銷，都是由企業先設定溝通目標，就像NIKE設定愛運動的女性、愛打籃球的年輕人；麥當勞設定有小朋友的家庭等，再利用大量的廣告、促銷、公關等整合行銷工具建立品牌，是一種受眾清楚的單向溝通。

平台行銷，並非只有單向的由企業對消費者溝通，因為平台是由「消費方」與「供給方」所共同構成的媒合平台，所以建立品牌不再是單向的溝通，在溝通對象上，兩者都要兼顧。

以Airbnb為例，平台上有需要住宿的旅客，也有提供住宿空間的供給方。如果所有的行銷活動都只鎖定給旅客，那很多的旅客來到Airbnb沒有看到很多選擇，體驗也不好，就不會再給平台第二次機會。

同樣的，如果平台只針對提供住宿的供給方進行宣傳，有了空間卻沒有旅客，也會讓供給方懷疑平台的能力，所以雙邊的溝通變得很重要。

（2）溝通策略的落差

實體品牌的經營者就是供給方，透過傳統的通路將產品賣給消費者，以機器大量生產，除非缺料，不用擔心供給不足，可以由品牌自己掌控生

產、鋪貨進度。因此，過去的行銷策略只要針對消費者進行溝通，消費者愈多愈好；但是，行銷平台的行銷策略則完全不同，消費者太多也會引起困擾，因為供給方數量可能不足以完成媒合。

以Uber為例，如果乘客常常叫不到車，勢必會轉向其他的計程車公司，也會影響乘客再度回來消費的意願，那麼Uber的品牌經營危機就會出現。

傳統行銷的交易在實體通路完成，但是共享經濟的平台行銷媒合則是在平台上，這是兩者根本的不同。所以，**一個平台品牌的建立，必須兼顧平台交易的使用者介面（User Interface、UI）、供給方（Supplier）、需求方或我們稱消費方（Consumer）三方，而這就是平台品牌行銷的金三角。**[54]（圖1）

所以，完整的平台品牌建立，需要涵蓋「UI的設計策略」、「供給面行銷策略」、「需求面行銷策略」。

此外，透過金三角的平台策略，建構出平台品牌的信任核心也是關鍵。消費者為什麼願意放棄過去用了好幾十年的計程車叫車服務，而去搭乘陌生人的Uber？又為什麼願意改變過去只住大旅館的習慣，選擇住在一個從沒見過的陌生人家裡？當中靠的就是信任機制的建立。

在實體品牌，我們用整合行銷建立品牌資產，來贏得消費者的信任；在平台品牌，靠的是供給方與消費方互相留下評價（Review），所建立的「分散式信任」成就品牌。[55]

54　以MarTech經營大數據會員行銷，高端訓著，時報出版。

55　Who Can You Trust? Rachel Botsman, Public Affairs, November 2017

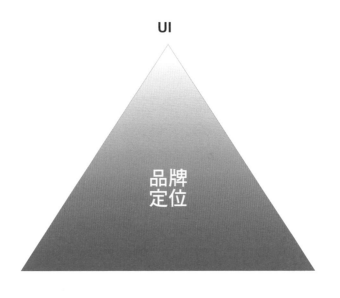

圖1　平台品牌的金三角

UI

品牌
定位

供給方　　　　　　　　　　　需求方

✎ 品牌筆記

一個平台品牌的建立，必須兼顧平台交易的使用者介面、供給
方、需求方三方，而這就是平台品牌行銷的金三角。

4.3 十大品牌行動

　　我想借體驗設計顧問尼爾森（Jakob Nielsen）關於品牌體驗的一句話跟你分享：「**使用者體驗，涵蓋了所有消費者對一個公司、它的產品，以及服務的所有印象。**」[56]尼爾森曾經出版超過十本探討研究使用者體驗的書，大數據時代的體驗大師當之無愧。

　　無論是實體品牌或平台品牌，消費者對它的認知都是來自於企業對外的活動，就實體品牌而言就是紅三角酷的「產品、服務與氛圍」；就平台品牌而言就是金三角的「使用者介面、供給方與需求方」，在BrandInsight（品牌內涵）下所延伸出的10大品牌行動。

　　我看到很多企業，都有為品牌下定義，但是化諸行動者少，於是BrandInsight（品牌內涵）便成為桌上畫、壁上掛的內容，消費者永遠無法感受品牌的承諾。

　　企業要實現品牌，就是要明確的寫出在BrandInsight（品牌內涵）下，有哪10件事是你必須發展、訓練、落實到第一線，讓消費者感受得到，讓粉絲為你傳頌，你的品牌才會從紙上談兵，到活在消費者心中！

　　這10件事，大部分是一般顧問公司、行銷公司、廣告公司等外部單位無法協助你，你必須要自己來定義，寫出教材，施予訓練。這件事跟公司的資源有關，找外部顧問公司，通常會做出一件你穿不下的衣服，最後就

56　https://www.nngroup.com/people/jakob-nielsen/

是束之高閣，浪費預算。

我很喜歡的一家美國廣告公司創辦人墨林（James X. Mullen）[57]，曾經說過的：「品牌在某方面跟做人很類似，總有些日子你會比較高興或比較難過、比較輕鬆或比較嚴肅；有些場合你得穿上整套九件式禮服，有些場合你可以穿牛仔褲或T恤。不管是任何心情或場合，總有些是你會堅持要做，有些是你卻絕對不會做。瞭解你的人，可以很精準的預測這兩者。」

至於哪些事情你該做？哪些事情你不該做？「BrandInsight（品牌內涵）」就是最高的指導原則，在「五層紅三角」的指導下，每一個品牌更可以進一步定義「10大品牌行動」，作為日常作業的最高指導原則。（圖1）

這10大行動包括：1.品牌命名、2.品牌識別、3.裝潢氛圍、4.店鋪音樂、5.服務個性、6.服裝儀容、7.產品研發、8.產品命名、9.產品包裝、10.行銷活動。每一個行動都有執行的指導原則，也就是你要怎麼做這件事的最高指南，任何人都不可違背，以確保品牌承諾被精準的執行。

在實務運作時，「品牌五層紅三角」及「10大品牌行動」，我會寫成為一份大約30頁的文件，稱為「品牌地圖」。品牌地圖內容，也會視事業單位、品牌部門及第一線人員做成不同教材，施予訓練。

對於事業單位而言，要讓相關人員瞭解品牌經營是長期性的[58]；對於品牌行銷人員，要讓執行人員瞭解如何準確呈現品牌承諾；對於第一線的

57　Simple Art of Greatness, James X. Mullen, 1995
58　一個好的品牌行銷人員，短期要能為品牌創造業績，長期要能為公司建立品牌，不能以品牌是長期性為藉口，做一些無法幫助銷售的品牌活動。這是我的心得，跟你分享！

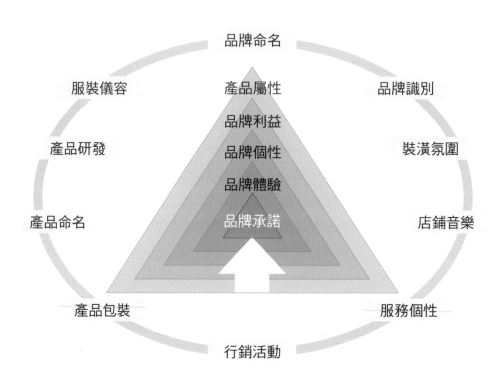

圖1 十大品牌行動

品牌命名

服裝儀容　　產品屬性　　品牌識別

品牌利益

產品研發　　品牌個性　　裝潢氛圍

品牌體驗

產品命名　　品牌承諾　　店鋪音樂

產品包裝　　　　　　　　服務個性

行銷活動

人員，要讓她/他們知道所做的每一件事為什麼那麼重要，也就是為何而戰。

　　記得有一次在上完課後，有一位基層同仁說要跟我分享一個心得，我很好奇她要跟我說什麼，她說我要送你六個字：「小細節，大品牌。」這是她的體會，講述要成為一個品牌所需的基本知識，教她有哪些事情可以做，有哪些事情不能做！

　　你可能會說，這不過就是張DM，顧客不會在乎的啦！你可能會說，

我只是今天心情不好，明天再好好款待顧客，只有一天他們不會記得了啦！那就誤會大了，消費者其實分不清楚，哪些是品牌想要給的？哪些只是品牌的輕忽？哪怕只是一張促銷的DM、可能只是店裡播放的一首音樂，或者是服務人員一個不經意的話語或行為，消費者都會覺得這是品牌想要傳達給他的訊息，因而建構了對這個品牌的印象。就像本文開頭說的，品牌體驗涵蓋了所有消費者對一個公司、產品，以及服務的所有印象。

建立一個品牌，如同生小孩一樣，懷胎十月的過程很辛苦，但是孩子生出來的養育過程更是長久且困難。

一個品牌誕生後，如果沒有好好呵護，一不小心就可能被我們輕忽的不當作為所糟蹋，尤其面對無所不在、訊息快速傳播的大數據時代，品牌的照護，更需要用心。

因此，要做好這十大品牌行動並不容易，端視企業是否相信品牌是一點一滴的累積，並堅持徹底執行，最後被消費者所感受。當這些感受已超越產品，品牌將在顧客心中佔有一席之地，成為競爭者難以輕易跨越的門檻。

品牌筆記

在「五層紅三角」的指導下，每一個品牌更可以進一步定義「10大品牌行動」，作為日常作業的最高指導原則。

4.3.1 品牌命名　贏在起跑點

記得朋友的小孩出生，幾個月前就開始想名字要怎麼取？怎樣取才能好寫又好記？怎樣取可以展現獨特的風格？怎樣的筆劃能夠帶財，又幸運一輩子？人的命名會跟著他一輩子，就像一個成功的品牌命名一樣。一個好的品牌命名創造了顧客對他的第一個印象，不得不慎重。

但是，甚麼才是好的品牌命名？曾經有個行銷夥伴跟我說，他覺得現在企業很需要一個品牌命名網站，打進需求後可以產生無限組選擇，更可以把現在已經有人用的品牌命名提前告知。

可見命名對許多行銷人來說，也是一種痛苦的發想過程。只要有提過命名的行銷人員，應該都有這樣的痛苦經驗，客戶會需要行銷人員提供很多不同的選擇，一提再提，最後可能回原點從新發想。

所以，命名真的這麼難嗎？**平心而論，甚麼品牌名都可以被包裝、被宣傳，但重點是效率的問題。**好的名字溝通效率高、會加速品牌成功。現在我們熟知的大品牌，像是Apple、阿里巴巴 （Alibaba）等的名字都很簡單，這不是偶然，而是因為好的名字容易被記住，容易被記住就能增加企業的成功率。

又例如「多喝水」，乍聽之下有點太口語，但不用解釋太多就知道是在賣水，減少許多教育與創造消費者跟產品間聯想的工作。你一定要取一個八竿子打不到一起的名字也是可以，不過就要有準備投入更多的資源與時間的等待。

那甚麼是好名字呢？**一個好名字至少要符合相關性、獨特性與簡單**

性，且沒有負面聯想。

（1）相關性

可以從三個角度切入，就是要與「品牌概念」、「產品概念」或「核心對象」任一個角度有關。

例如「Apple」，幾乎每個人都知道是「蘋果」的意思，也就是意在傳達手機操作很簡單，很容易上手，這就是與品牌概念有關；例如「foodpanda」，這個平台品牌提供有關美食的媒合服務，這就是與產品概念有關；又例如「ARMANI JEANS」，一看就知道是為年輕人設計的精品，這就是與核心對象有關。

（2）獨特性

不要與競爭品牌雷同，更要進一步有趣、好聯想。記得麥當勞剛引進台灣市場引起一陣風潮時，坊間就出現許多跟麥當勞取名接近的早餐店，希望藉由與領導品牌的相似度引發注意，甚至故意讓消費者搞錯。但是這些取巧的方式，終將被消費者識破，也無法創造出自己獨立的價值，是非常不建議的做法。

有哪些獨特又好聯想的品牌或產品名呢？以競爭激烈的髮品市場來說，「落建」讓人輕鬆聯想到針對落髮的洗髮精、「飛柔」就讓人聯想到飄柔的秀髮、「沙宣」則是設計感十足的時尚美髮品牌。這些獨特的命名，不只讓消費者在選擇產品時直接對號入座，不用太多的教育。

（3）簡單性

　　就是名字要簡短、好發音、好記。就跟交朋友一樣，如果這個人的名字很難記或甚至連唸出來都有困難，這個人的名字應該很難在你腦海裡留下痕跡。

　　就像蘋果（Apple）就是一個經典的例子，不但取名相當簡單，更相當好記；Google，雖然意旨10的100次方，有點科學，但好念的音節讓人一次就記住；微信、支付寶、抖音等都是相當簡短好記的名稱，也都不負重望成為受歡迎的品牌。

（4）*沒有負面聯想*

　　當品牌命名符合以上三項標準之後，通常會在進行消費者測試。每一個消費者對於名字都會有很多意見。此時要觀察的是，消費者對於命名是否會有正面或負面聯想，正面聯想當然愈多愈好，如果有負面聯想則要仔細思考。有時品牌需要跨國或跨區行銷，為了慎重起見，對不同國家的消費者或族群進行品牌命名聯想測試，也是有必要的。

　　品牌大師艾克認為，「選擇一個名字，還要考量名字是否能包含視覺符號、或是用於標語（Slogan）。」就像Apple的符號就是缺了一角的蘋果，簡單又富有聯想；有些符號則是後天賦予的，例如facebook的F、Google的G；有些品牌名也可以跟標語形成緊密的一體，如「格上租車，閣下至上」、南山人壽的「好險有南山」等，這種配合恰到好處，但也是可遇不可求。

　　近年來，大專院校的招生廣告，尤其是科大，特別喜歡把品牌名跟標

語結合，例如樹德科大「選擇樹德，一舉數得」、龍華科大「選擇龍華，一生榮華」、南華科大「就讀南華，必成精華」、「就讀萬能，萬事都能」，雖然看起來這些標語模仿性很高，除了博君一笑，卻也達到令人記憶的效果。

你也許開始擔心，品牌命名是不是每個條件都符合？當然不是，只是**你的品牌名符合更多的條件，行銷上更省力，品牌更容易成功**！

品牌成功的途徑很多，但命名可以說是成功的第一步。一旦確認品牌名，也一定要進行法律上的查詢與註冊，才能安心的開始宣傳與使用！

✐ **品牌筆記**

一個好名字至少要符合相關性、獨特性與簡單性，且沒有負面聯想。

4.3.2 發展品牌識別　最佳吸睛資產

在台灣成立超過80年，第一杏仁品牌林銀杏創辦人林銀杏說，民國78年日本高品質的松青超市進駐天母、日本崇光Sogo百貨進軍台灣，當時林銀杏有機會進駐擺攤銷售。就算每周業績亮眼，但看到其他日本品牌都有專屬、位置極佳的櫃位，更有整體設計的識別與裝潢，就在當時了解發展品牌識別的重要性。在後續行銷全球的過程中，林銀杏積極發展自己的品牌識別，以建立無法取代的品牌識別度。

其實，當消費者尚未認識這個品牌時，最容易記得的就是商標的圖騰、顏色、字體，也正是消費者最早接觸的品牌資產。如果在一開始沒有建立，或甚至在過程中隨意改變，都等同於消失在消費者的記憶中，一切都要重新教育。

台灣很多企業最常出現的問題，就是業績不好的時候，先更改品牌識別（如Logo），而不是先檢討問題，最後消費者對品牌的記憶度更差，生意更慘！

甚麼是品牌識別？品牌識別是消費者從品牌獨特的標誌、座右銘、藝術符號、顏色等元素中識別公司的能力。

試想，當有人講到NIKE，你會想到甚麼？一定是右下向上的勾勾。當看到了被咬一口的蘋果，進入腦袋的應該就是蘋果（Apple）。當有人提到麥當勞，最常聯想到的，應該是金黃色的拱門標誌或是麥當勞叔叔，這些都是品牌識別的案例。

把品牌識別的顏色與圖騰使用的最好的，莫過於便利商店。當我們經

過店面時，甚至不用抬頭就可以分辨是「7-11」或是「全家」。因為這些品牌已經將它們的識別圖騰、顏色、字體等，應用在門面的玻璃上，讓你可以馬上進入品牌情境。

　　品牌識別與管理之所以這麼重要，最主要是因為消費者是透過識別來分辨與記憶品牌。

　　到底品牌識別包含哪些層面呢？《品牌地圖》（United We Brand）作者摩瑟（Mike Moser）指出：「商場的競爭太劇烈了，品牌滿天飛，你不能只用一種感官。」所以，就跟現在的顧客體驗一樣，識別符號也需要有六感體驗：

　　視覺：商標、產品外型、產品包裝、顏色、字體、版面、特效、建築外觀或實體店面的裝潢、制服等。

　　聽覺：配樂、配音

　　嗅覺：產品的嗅覺

　　味覺：產品的味道

　　觸覺：觸感、溫感、質感

　　情感：識別引發的情緒反應

　　雖說擁有愈多的感官識別，就擁有愈雄厚的品牌資產，但不是每個品牌都要擁有六感識別，這跟產品特性及所應用的宣傳媒體有關。

　　視覺是六感中最重要的展現，幾乎任何品牌都不能忽略。尤其是品牌的圖騰、顏色和字體。過去大家常用圖騰表現品牌識別，像是Timberland的大樹、中油的火把、星巴克咖啡的美人魚等。

　　近代的商標設計已少用圖騰，直接利用字體或色彩展現品牌風格。例如搜尋引擎Google、社群軟體LINE、快時尚品牌ZARA等，讓消費者在記

住商標的同時也記住品牌名。

但是，要切記的是，只要品牌名出現在商標中，就要堅持一致的字體展現，才能對消費者形成一致的印象，這恰恰是很多企業最容易忽略的細節。

此外，字體與顏色的選擇，不僅是為了美觀，也代表了品牌個性，傳達了品牌管理者所預期給消費者的資訊。例如，印刷細明體給人現代、俐落的印象，而手寫字體則透露人文、自然的性格；Tiffany的藍散發著私密的對話關係，而王品的紅則企圖傳達真心誠摯的款待。

正確運用色彩是創造正面形象的關鍵，因為色彩能觸發所有感官，瞬間傳遞訊息，在某種層面來說，這也是一種搭建溝通的橋梁。例如，紅色象徵著熱情、活躍、興奮、大膽、元氣、年輕等活潑的元素；綠色通常象徵著平衡、成長、恢復、安全、新鮮、自然、和平、幸福、富裕以及穩定；藍色象徵智慧、忠誠、信仰、真理、靈性、拯救、毅力、目標、現代、自給自足、開放、意義與掌管；黑色象徵著嚴肅、正式、大膽、高貴、權威、時尚。

不同的顏色能夠刺激人類大腦的不同情緒，而根據不同的性別、年齡層也會有專屬、適合的顏色。

品牌識別最常應用到，但很多人以為只要找個美工設計設計就好，忽略了品牌識別對品牌的重要性。但是，很多時候，品牌識別是消費者最早接觸到的「品牌」，千萬不可大意。

✐ **品牌筆記**

商場的競爭太劇烈了，品牌滿天飛，你不能只用一種感官。

4.3.3 店鋪音樂　創造空間生命力

通路的音樂播放選擇重要嗎？很多品牌可能覺得有音樂就好，甚至沒音樂隨便放也沒差。但實際上，**選對音樂，不但能透過聽覺，型塑品牌空間生命力，更對業績有幫助。**

音樂是六感行銷重要的一環，它可以讓沒有生命力的裝潢空間，瞬間充滿了生命力與想像力。只是因為它是無形的，很容易讓人忽略了它的重要性。

先來談音樂對銷售的影響。我們都誤會，以為快節奏的音樂，比較能夠促進產品的銷售；然而，在紐約超市進行的「音樂速度對來店顧客的購買行為所產生之影響」[59]研究，得出了完成相反的結論。

快節奏的音樂，讓購物者加快步行速度，反而降低了慢慢瀏覽，因而失去銷售其他產品的機會；反之，播放慢節奏的音樂，消費者輕鬆瀏覽其他產品，最後買了更多東西。根據研究，播放慢節奏相比快節奏的背景音樂，銷售可以增加32%。[60]

這篇文章，我要跟你談的是如何透過聽覺，形塑品牌；也就是說，不管是快節奏或慢節奏的音樂，**你都要隨時維持店鋪音樂與BrandInsight（品牌內涵）的一致性。**

你可能會說，這樣客人不會聽膩嗎？因為客人幾乎不會每天都到同一家餐廳用餐、同一個賣場買東西，所以基本上比較沒有聽膩的問題。你或

59　聽著聽著就買了，Mitaylor千穗，創意市集，2021.05.25
60　商業周刊1740期

許會問，每個同仁也都有想隨著心情而放的音樂，可以嗎？當然可以，只要是非營業時間，都在可允許的範圍，但是如果在營業時間，絕對不可以。

因此，在營業時間內，或過了營業時間，只要還有一個客人在，音樂就要照常播出，絕對不能讓客人聽到不屬於這個餐廳或賣場的音樂。試想，如果品牌塑造的是一種大自然的禪風，聽到的應該是蟲鳴鳥叫、行雲流水的音樂，但走進店鋪，聽到的卻是熱情的流行音樂，客人難道不會覺得很突兀嗎？

如果把店鋪的經營比喻成一場表演，例如膾炙人口的《貓》劇，其每次開場後都播放相同的音樂，演出相同的戲碼，但觀眾仍相當期待，百聽不厭。但《貓》可以因為演了上千場，演員已經聽膩了，就自己改變音樂嗎？如果是，他就不叫《貓》劇，也不是這個品牌了。

同樣的，我們去到峇里島，機場聽到的音樂如果不是當地的、寧靜的、心靈般的峇里島式的音樂，而是搖滾樂，你的心頭還會湧上一股異國悠閒渡假的想像與心情嗎？

票房賣座電影《聽見歌在唱》，裡面的一段對話令人印象深刻，原住民孩子在第一次合唱比賽失利後，評審員對老師說：「我記得你們是阿美族的孩子，但你們為什麼唱起歌來跟平地的孩子一樣。」這句話正說明了，音樂特色是形塑品牌個性的重要因素，更能夠透過音樂的穿透力，影響品牌印象。

以往，我們談品牌建立，會特別重視品牌識別的「符號標籤」、「顏色標籤」，在大數據時代，競爭加劇，產品更多，同質化更高，「聲音標籤」開始被重視，成為品牌差異化的一部分，你可以好好研究如何落實！

店鋪聲音標籤，已經成為繼符號標籤、顏色標籤，成為品牌重要的差異化識別元素。如果你想要經營品牌，可以用一致性的聲音標籤，串起品牌與消費者的情感、記憶與行動，讓聲音識別跨越文化、語言及視覺，擴大品牌認同。

我很喜歡欣賞音樂（吃飯一定要放音樂，甚至睡覺也要放），也很認同德國哲學家尼采（Friedrich Wilhelm Nietzsche）說的一句話：「沒有音樂，生活是一種錯誤。」

對品牌而言，雖然言重，但何嘗不也是如此呢？

品牌筆記

在大數據時代競爭加劇，產品更多，同質化更高，「聲音標籤」開始被重視，成為品牌差異化的一部分，你可以好好的研究如何落實！

4.3.4 裝潢氛圍　決定對象

當你走進星巴克，與走進路易莎咖啡的感覺應該很不同！一種是美式悠閒風格，裡面很多上班族；走進路易莎則是親民的價格與聚會風格，消費對象明顯與星巴克不同。

就像你會穿著盛裝進LV買皮件，但穿著布鞋到迪卡農買運動背包一樣，**不同的店鋪氛圍，決定了不同的消費客群及品牌個性**。我認為，這是除了價格因素外，影響客層結構最重要的原因。

「蔦屋書店不是在賣書，賣的是生活提案！」蔦屋書店創辦人增田宗昭這麼說。蔦屋書店的氛圍就是在實踐品牌的理念，店內的大面積書櫃牆，圍繞著每一個進店的客人，讓你感受坐擁書城的滿足感。

增田宗昭是這麼定義鳥屋書店：「**顧客因為感覺來店裡，而不是因為理由。**」[61]這樣的說法聽在想經營品牌的台灣企業耳裡，應該是很大的震撼，該是好好來審視長期忽略的店內氛圍體驗了！

體驗行銷先驅史密特博士認為：「體驗媒介包括溝通、視覺與語言識別、產品呈現方式、品牌結合、空間環境、網站、電子媒體，以及人。」[62]其中「空間環境」營造的就是「氛圍」。

裝潢方式與氛圍既然體驗行銷的一部分，就需要與品牌識別系統緊密結合，以BrandInsight（品牌內涵）為最高原則進行規劃。不只如此，如

61　解謎蔦屋：TSUTAYA的未來生活提案實驗所，川島蓉子，麥浩斯出版，2017。

62　Experiential Marketing: How to Get Customers to Sense, Feel, Think, Act, Relate to Your Company and Brand, Bernd H. Schmitt, Free Press, 2011.

果說實體店面的裝潢是顧客體驗品牌的一種方式，官方網站則是顧客透過虛擬空間認識品牌的另一種門面。

　　想想，你會把兩家顧客最常光臨的旗艦店弄得風格迥異嗎？蘋果在信義區的新光三越、101就有兩家旗艦店，難道風格會完全不同嗎？近年，**店鋪的裝潢氛圍，也會隨著所在區域、文化有所調整，不過本質上不會偏離BrandInsight（品牌內涵），例如高級的不會變活潑的。**

　　我經常觀察到，市場上一些通路品牌的店鋪裝潢，與這個品牌的訴求的客層、價位、品牌識別 （如顏色、符號）、網站設計、App風格等，毫無相關甚至互相衝突。例如店鋪設計成高貴的深紅色，官網的主調卻是沉重的黑色，找不到兩者間的連結。

　　或許你會說，這兩個顏色都很貴氣高雅，我想營造的就是這種感覺。但回到之前講的，每一次的體驗都在創造顧客對品牌的記憶度與個性的型塑，如果我們能夠提供一致且重複的體驗經驗，可以大大強化品牌的記憶與認知。

　　一致的裝潢氛圍體驗，也是建立品牌個性的重要機會。所以無論是虛擬的官網、甚或開在不同平台的虛擬店中店，就跟實體店面，或者開在百貨公司裡的櫃位一樣，都需要提供一致性的裝潢風格與氛圍體驗。（通常企業委由不同人來負責，缺乏統籌，亂象叢生！可惜！）

　　如何創造一致的裝潢氛圍呢？很多品牌無法做到，最主要的原因在於沒有把「氛圍」列入BrandInsight（品牌內涵）管理。直接把空間裝潢交給設計師，或者平台網站美編，最後設計師或美編做出他所認為的美感，卻與品牌內涵的定義毫無關係。

　　這種狀況在生活中也屢見不鮮，就好比把新家交給設計師，但如果沒

有好好清楚溝通你對住家氛圍的需求，最後，你就會發現裝潢出來的跟自己想要的不一樣，但是為時已晚！（你是不是也有這樣的經驗？）

要得到好的空間氛圍，就如同要得到好的廣告創意一般，品牌企劃人員必須對內部或外部創意設計人員進行簡報，也就是國際性廣告公司或公關行銷公司常說的Briefing。一個好的Briefing，等同是讓你的合作夥伴跟你站在同一個起跑點一起前進，不會因為在不同的起跑點開跑，造成抵達的終點也不同。

國際性公司如NIKE、P&G等行銷公關對廣告公司的Briefing，從行銷目的、策略、競爭狀態、需要各行銷單位協助發想的內容，到預算呈現，都相當完善且清晰，這樣讓協助進行規劃的行銷團隊能在同一個範圍內進行發想。

同樣的，**要得到好的空間氛圍，品牌行銷人員必須對空間設計師進行「品牌簡報」，簡報內容至少需要涵蓋BrandInsight（品牌內涵）、品牌識別元素、消費對象、產品內容、消費價位、想要的氣氛定位等。**

對於氛圍種種較為主觀的描述，最好也能列舉國內外的案例參考，畢竟每個人的生活經驗不同，投射的想像也不一樣，透過案例，可以讓大家在同一平台上討論，並達成共識。

設計師的提案，除了通路人員以外，一定要有品牌行銷的資深人員共同參與，並以當初「品牌簡報」的內容檢視提案，任何與BrandInsight（品牌內涵）不符的事物或內容，都不應該出現在空間中。

以上這件事，我發現大部分品牌經營者幾乎都忽略了。

就算現在很多品牌都走電子商務，但是我們發現愈來愈多電子商務品牌進軍實體店面，創造體驗。投資一家實體店面，80%的支出都用在裝

潢，而裝潢氛圍又決定了消費客層，經營者在進行裝潢時豈能不回歸品牌呢？

4.3.5 服務態度　讓品牌個性化

「個性決定命運」，對人是如此，對品牌也同樣重要。品牌大師艾克說：「品牌有個性，可以讓你的品牌與眾不同。」

說到土耳其冰淇淋，小朋友跟大人可能馬上露出甜甜的微笑，土耳其冰淇淋的魅力，不在於他多好吃，而是在於購買時與老闆一來一往間的互動，而且幾乎所有銷售土耳其冰淇淋的老闆都用同一招術，讓人對於這個產品留下無法改變的記憶點！

有一年我到日本考察，看到百貨商場裡有一家Cold Stone（酷聖石冰淇淋），每個客人都顯得很開心，眼睛都注視著服務吧台，原來Cold Stone的服務人員，一起在唱著一首很歡樂的歌，把現場的氣氛都活絡起來，頓時讓我感覺這個品牌多麼與眾不同。

說到服務態度，最令人印象深刻的應該就是海底撈！從等待區的美甲、帶小孩服務，員工提供桌遊、熱毛巾、方塊酥等服務。用餐時，川劇變臉、甩麵等表演，讓本來吃火鍋專注於講求食材的軍備競賽，進化到無形服務的等級。

海底撈也因為這樣的服務個性，不用廣告費就讓顧客大排長龍。這就是服務態度強化品牌個性，進而產生你所想像不到的品牌磁吸效應。

對一個品牌來說，實體通路的店舖裝潢、音樂、擺設品的選用等，都可以呈現出一個品牌的個性。然而，以人員的服務呈現品牌個性，是最直接，同時也是最困難的。

最直接，主要是因為消費者直接接觸到的就是服務人員，服務人員給

他的印象，形成這個品牌的個性；最困難，也是因為每個服務人員都要表現出一致的個性，所以長期訓練的累積絕對是必須要的。

如何確立品牌應該呈現的特色，並透過服務訓練建立服務個性的傳遞系統呢？其實，這一切都要回歸到每個品牌誕生時，在五層「紅三角酷」所訂立的品牌個性，譬如王品的尊貴服務、可口可樂的歡樂、Tiffany的浪漫等，而我們就以這個定義指導服務個性的設計。

根據過去我們進行服務個性研討的經驗，我認為**有幾個行為動作，會明顯地影響到消費者對於服務與品牌個性個認知，一是音量、二是姿勢、三是手勢。**

（1）音量

是指服務人員說話聲音的大小與音階的高低。例如，我們走進日本壽司店，最常聽到的就是以日文的「歡迎光臨」招呼客人，讓人彷彿置身日本。消費者是很敏感的，如果這個音量宏亮且一致，就會讓消費者真正感受到歡迎的熱忱。反之，如果這個歡迎聲稀稀落落，相信這對品牌印象來說，絕對不是加分。

（2）姿勢

指的是服務人員說話同時，身體所做出的動作。例如，有餐廳服務人員在完成每一個服務動作後，都要跟顧客90度鞠躬。又例如對於老人、或小朋友點餐時聲音比較小，服務人員彎下腰或蹲下來傾聽，也都是相當貼心的姿勢。

（3）手勢

是指服務人員說話的同時，手部所做的動作，例如，有的品牌在送客的時候，服務人員會用力的跟你揮手，讓你感覺到他的熱情，無形中傳遞了品牌的期待與好客的心情。

不過在少子化的時代，有時候連第一線的服務人員都很難找到，更遑論要培養一個能傳遞品牌價值的人員？是的，不過我常常很正面的看待事情。當一件事走到盡頭時，總是會帶來新的破壞者或創造者而改寫歷史，例如鼎泰豐引進送餐機器人，讓服務人員可以專心做好服務。

服務個性的傳遞，最直接也最困難，畢竟每個人都有喜怒哀樂的各種情緒，執行時很容易產生落差，所以長期固定的服務訓練與教育，絕對需要。

✎ 品牌筆記

以人員的服務呈現品牌個性，是最直接，同時也是最困難的。

4.3.6 服裝儀容　強化品牌形象

記得有一次到一家平價的火鍋店用餐，因為人潮眾多，來點餐的服務生不但手忙腳亂，圍裙上還黏了很多小小的菜屑，我差一點逃出這家餐廳，因為不只讓我看了沒有胃口，更遑論再吸引高消費能力的客人進店消費。

服裝是指服務同仁穿著的制服，即品牌體驗的一部分，設計上當然要符合BrandInsight（品牌內涵）。高價品牌要帶給客戶尊榮感，如果穿T恤或花襯衫，就沒有辦法給予人高貴的形象，會顯得過於休閒甚至隨便。

高價品牌的制服通常都是深色西裝、襯衫，再輔以品牌的代表色作修飾。這也是為什麼當你走進Lexus或BMW等展示中心，服務人員絕對是西裝或襯衫的專業穿著，讓顧客對這個品牌的專業度瞬間提升。

平價品牌剛好相反，要給客戶親切的感覺，這樣各階層的消費者才敢進來消費，例如石二鍋、優衣庫（UNIQLO）等品牌的服務人員，就以較為輕鬆的T恤，或者是淺色的休閒襯衫與卡其褲作為主要的制服。

除此，**制服的設計也要考量「實用性」**。制服是門市人員的工作服，譬如餐飲業的工作人員需要端著各種餐具盛裝的菜色或飲料、服飾店人員需要到處走動服務，非常容易流汗，這就是為什麼有時你會看到消費者坐著用餐吹冷氣直說冷，但服務人員卻滿頭大汗的情況。

因此，制服的設計需要兼顧透氣、排汗功能。通常制服都是由總部設計，設計者並不是每日穿制服的人，設計者需要站在第一線服務人員的角度思考，才能設計出「好」制服。

所以在制服的設計與打樣出來後，一定要找服務同仁試穿，一方面檢視有沒有符合當初設計的預期，另一方面也了解同仁的喜好程度。

制服的設計也要讓客人能夠分辨出誰是店主管。在正常的情況下，誰來進行服務，顧客都不會有意見。但是，遇到有消費者糾紛時，顧客通常都要找店主管，所以讓顧客可以分辨誰是負責人就很重要。通常店主管的制服，會隨著BrandInsight（品牌內涵）不同，可能加一件西裝外套、打一條領帶、著長袖服裝，或以不同顏色來區別，不一而足。

如果你經營的是餐飲業，制服的設計還要進一步細分，大廳組要考慮的對象包括：店主管、店主管代理人、幹部，及一般服務同仁等；廚藝組則包括：主廚、二廚，及一般廚藝同仁等。

此外，**制服的美觀與時代感，則是制服設計的基本條件。**有全球最美空姐制服之稱的新加坡航空制服，服裝是由法國服裝大師巴曼（Pierre Balmain）特別設計，其每件都貼身訂作的修身沙龍裙，使用傳統亞洲蠟染印花布料製成，展現出獨特的東南亞風情，也讓新加坡航空的品牌展現獨特的風格。

除了消費者的品牌印象，我甚至聽說，有的應徵者在選擇到哪家公司上班，制服好不好看也是列入考量的重要因素之一，看起來熱情有朝氣的制服，絕對比沒有特色的制服，更能吸引好的人才一起加入。

至於儀容，因應時代變化也有不同的規定，只要不過度誇張，都在可以接受的範圍內。記得有一次，我跟某事業處主管一起巡店，發現有一位男同仁染了金髮，並且把頭髮豎立起來，當場被該主管糾正，叫他明天必須把頭髮染回來。時代改變，年輕人喜歡在外表上展現自己，無可厚非，可以給予更大的包容。

服裝儀容，是顧客接觸服務人員的第一印象，先做好自己的門面管理，才能贏得他人的尊重。

服裝儀容，對外是顧客品牌體驗的一部分，對內則是同仁心情滿意的指標之一，絕對不能輕忽。

✏️ 品牌筆記

服裝儀容，是顧客接觸服務人員的第一印象，先做好自己的門面管理，才能贏得他人的尊重。

4.3.7 產品研發　也要品牌定位

　　這一篇文章，我不是要跟你談產品研發的策略，而是要分享產品研發的指導方向。

　　為什麼產品研發對焦BrandInsight（品牌內涵）這件事這麼重要？二十年前，品牌大師賴茲和特勞特（Al Ries & Jack Trout）就說過：「定位就是將你所要推銷的產品，在他（她）的心裡佔有一席之地。」所以，定位其實就是源自於消費者的思考。

　　如果我們今天走進一家壽司店，發現裡面又賣火鍋、又賣滷肉飯，一定會覺得這家店的壽司不專業，可能也只是隨便做做，這樣下次想要吃壽司，這家店就不會列入考量。

　　同樣的，如果今天走進一間運動用品店，結果發現它還銷售女性化妝品，我可能會把它定位在「雜貨店」而非專業運動用品店，如果我想找有品質保證的運動用品，這裡絕對不是第一選擇。所以你的產品研發方向，更要在BrandInsight（品牌內涵）的指導下完成。

　　我們以日常生活最常遇到的外食問題來看，不管是選擇外出用餐，還是外送平台點餐，選擇餐廳時通常有兩種可能：其中一種，先選擇要吃的種類，譬如我今天超想吃韓式烤肉，然後再從跑進腦中的名單中，或者附近地區查詢，找消費者評價最好的韓式烤肉。另一種，不用選擇，腦中直接出現想要去的餐廳，例如想吃牛排想到西堤（TASTY）、想喝咖啡想到星巴克、想叫外送想到Uber Eats。

　　我會有這樣直接的聯想，是因為品牌的產品聚焦，定位清楚。**如果**

定位不清楚，品牌就很難成為消費者的第一選擇。BrandInsight（品牌內涵）指導產品研發，就是指產品開發及推出的方向要聚焦在品牌的核心價值。

例如，麥當勞給消費者的品牌承諾就是快速、方便、衛生，記得麥當勞多年前為了擴大銷售，曾經推出「日式醬蓋飯」，我很好奇，立即去買，點完餐後，店員叫我到座位區去等，結果一等就是將近10分鐘。原來快速的做出一個米飯便當，並不是麥當勞的專長，也不是消費者的期待，果然沒多久這個產品就下架了。

這樣的例子不勝枚舉，也是台灣企業需要經營品牌，經常踩的地雷。

La New在多年前，也因門店很多，認為可以賣更多產品，增加銷售，服務客人，學起家電業者賣起液晶電視。會不會有人去買？當然會。會不會有很多人去買？當然不會。因為到皮鞋店買家電，不是消費者的選項。

無獨有偶，另一家皮鞋知名品牌，為了多增加銷售，也學餐飲業賣起了年菜。會不會有人去買？當然會。會不會有很多人去買？當然不會。道理是一樣的，不會有人想把用餐這麼重要的民生問題，交給非餐飲專業的公司。

企業為什麼會發生這樣的問題？因為經營者及高階主管心中沒有BrandInsight（品牌內涵），或者有品牌內涵，但是敵不過短期業績給營業單位的誘惑，因而放棄品牌中心思想。殊不知，做這些違背品牌承諾的事，大大破壞消費者與品牌的情感與認同。

站在產品研發的角度，企業沒有將產品聚集BrandInsight（品牌內涵），是一件非常嚴重的事情，尤其當營業單位主導了整個產品研發的方

向更是如此。你可能因為多賣了一些失焦的產品，卻失去了消費者的信任。這就印證了短期多賺了5%的業績，長期失去95%的品牌！

一些成功的品牌，每一次產品推陳出新，都會為品牌加分。例如Apple從iPhone、iPad、iWatch等，都聚集在行動通訊的產品。差異化的產品，鎖定相同的客層，達到品牌業績不斷成長的目的，而不是有東西就賣。

曾經有人帶著懷疑的口吻問我，Samsung、Hitachi、Philips不是什麼產品都賣嗎？沒有錯。這些公司都擁有龐大的企業資源，而且曾經在某個領域非常成功，並有多年的品牌根基，但是這些條件都是中小企業建立品牌所沒有的！如果你也有跟這些大品牌一樣的資源，也不需要BrandInsight（品牌內涵），不需要研發方向。

企業之所以需要產品聚焦BrandInsight（品牌內涵），就是因為資源有限，必須聚焦一個領域，讓消費者買單。賴茲和特勞特也說：「定位雖然是極為簡單的概念，但許多人迄今仍不知道它的威力是相當驚人的。」

企業追求成長，天經地義，但是不可盲目。我為你整理了品牌成長的9大策略，詳見第VI部。

🖊 **品牌筆記**

BrandInsight（品牌內涵）指導產品研發，就是指產品開發及推出的方向要聚焦在品牌的核心價值。

4.3.8 好產品也要命名

本文要講的是產品命名，跟品牌命名不一樣，因此它的重要性常常被忽略。

一個品牌，有時會有很多不同的產品。例如：一個餐廳品牌，可以有很多不同的菜色；一個3C品牌，可以有很多不同的相關產品，如電腦、手機、Pad等；一個化妝品品牌，可以有不同的系列。

產品的名稱，你可以把它想像成在公司裡發起的不同專案。在輔導客戶的過程中，難免要推動新的專案，我給客戶的建議是：「先取個名字！」

為什麼要先取一個好名字？很多專案都是用功能性的名字，例如人資專案、會員專案、Cost down專案等等。很多企業都是以「專案」命名的，很直接，但是完全沒有創意及想像力，一點也不Sexy。如果你把人資專案命名成「明日之星」、「金頭腦」是不是有多一點的想像力？歐舒丹的會員計畫，叫「普羅旺斯」、王品的會員計畫叫「菁英禮讚」，道理是一樣的。

一個好的名稱除了有多一點的想像力，工作中也多了一點樂趣。所以，如果你是一個懂的品牌行銷的人，你第一件要做的事，就是「**凡事從命名開始**」，無論是品牌名、產品名或者專案名都是如此。

產品名字，除了要遵循「10大品牌行動」的「品牌命名　贏在起跑點」的命名原則，這裡再跟你分享七個產品命名的方法：

（1）以原料命名

如果你所用的原料很有獨特性，很有價值，最簡單的作法就是直接用材料為產品命名，例如奈米銀吹風機、負離子冷氣、HEPA空氣清淨機、松露炒飯、鮑魚翡翠羹等。用材料命名的好處是你不需要跟消費者解釋你的產品有多好，名字已經告訴他了，但是前提是這個材料，消費者已經理解它的價值。

SK-II曾經在全系列產品都加入了PITERA這個獨特的原料名字，例如SK-II Pitera Facial Treatment、SK-II Pitera Essence等。因為消費者並不知道PITERA是什麼，所以廠商必須投下大量的廣告來宣傳。

（2）以專業技術命名

有的公司掌握了某項技術，為了強調這個專利，凸顯產品的差異化，尤其在家電產品特別常見。例如HITACHI擁有日本PAM的製冷技術，有段時間行銷時常常把PAM掛在產品名上。除非這項專利是大眾都知道，否則企業要花很多預算來為產品建立知名度與專業度，不是一般小品牌或新品牌可以適用。

（3）以系列命名

如果你的產品彼此相關，用系列名稱最好記，最能互相加分，例如Apple的iPhone、iTunes、iPad等，即使同一種手機產品，也用同一個名稱加上序號，如iPhone X、iPhone 11、iPhone 12等，比起很多手機廠商一支手機，一個名稱，在溝通上已經贏在起跑點，而且讓消費者知道產品是迭

代，一支比一支厲害。

實體品牌如奶粉大廠美強生，針對不同階段的消費對象嬰兒、幼兒、兒童的產品，分別命名為優生、優兒、優寶，易記易懂。

麥當勞也常用「麥」來為產品取系列名，例如麥香雞、麥香魚、麥克雞塊等。

（4）以有質感的文字命名

有些名詞在認知上就有比較高的價值，例如法式、皇家、經典、釀、饌等，善於應用這些文字，可以為產品加分，例如法式皇家瓷器、精釀生啤酒等，消費者看到這些名詞，會無意識的替產品的價值加分，售價也有望更高。

（5）以有意義的地名命名

如果你的產品或原料源自著名的產地，而且這個產地代表某一種形象，則可以直接冠上地名，例如北海道牛奶、波爾多紅酒、比利時巧克力、捷克水晶、英國皇家紅茶、紐西蘭奶粉等。在廣義上，國家及地名也是一個品牌，等於某個國家或地區為你的產品背書。

（6）以品牌命名

這也是直接不燒腦的方法，例如飛利浦刮鬍刀、飛利浦吸塵器、飛利浦悶燒鍋等；有些餐飲業也會用品牌名來為某道菜命名，讓人覺得這是必點的招牌菜，例如王品牛排、原燒冰淇淋；Apple也會善用自己的品牌名在新開發的產品，例如Apple TV、Apple Pay、Apple Car等。

（7）以需求命名

消費者有很多潛在的需求，包括養生、瘦身、好睡、美肌、保濕、天然、健康等，也就是直接把產品的功能轉換為消費者利益來命名，例如養生茶、養氣人參、天然蜜棗、安睡鮮草飲、美肌活膚霜、保濕爆水膠囊等。此種命名要注意的是，有些名詞是被主管機關限制使用，誤用甚至會被開罰。

除了以上原則，**好的產品名稱還是要掌握簡單性，不能為了命名而命名**。餐飲業尤其常犯這種錯誤，例如有的餐廳把每一道菜的命名形容詞化，如「紅袍錦繡」、「美好生活」等，讓你完全無法意會，而需要服務員多花時間解說，原來紅袍錦繡是烤乳豬、美好生活是甜點，這些都是包裝過度、玩創意過度的名字。這樣的名稱，還不如直接用材料或產品直接命名。

產品命名是品牌行動之一，一個好的產品名稱，除了有助於提升品牌的競爭力之外，更能夠讓你的產品在眾多競爭對手中脫穎而出，不但減少行銷宣傳預算，更能強化BrandInsight（品牌內涵），值得重視。

✎ 品牌筆記

「凡事從命名開始」，無論是品牌名、產品名或者專案名都是如此。

4.3.9 產品包裝再加分

每次金馬獎最受矚目的，除了作品、演員的演技大PK，藝術的表現度等實質內涵外，更受媒體大幅報導的，便是演員在紅毯上的穿著特色。演員的穿著不但展現了個人品牌特色，好的穿著更對其演技內涵產生正面加分，這也正是產品包裝對於品牌加分相當淺顯易懂的解釋。

走進產品琳瑯滿目的超市，愛吃巧克力的我，一眼就能找到我想要品嚐的巧克力包裝。**面對超級競爭的貨架，利用醒目的產品包裝讓消費者快速找到產品，避免因為找不到產品，反而在找尋的過程中另買它牌，是產品包裝的重要任務之一。**

此外，除非消費者在購買前已經認定品牌，若非如此，當消費者在眾多品牌中找尋產品時，以保養品為例，優雅的產品包裝，絕對比沒有包裝設計的產品受消費者信任，更有機會創造銷售。

所以，有人說產品包裝是「不說話的推銷員」，真的是當之無愧。產品包裝早已脫離過去以「保護」為主要的服務目的，而是成為產品行銷的重要利器。在ESG時代，產品包裝如何做到環保、減碳，成為品牌管理者要注意的課題與挑戰。

接下來，我要跟你分享好的產品包裝，到底可以如何為品牌加分？

（1）建立品牌形象

一個好的包裝設計可以將品牌想要傳達的形象、特色與定位傳遞給客戶，更透過重複的視覺與體驗過程，讓顧客「因產品而記住品牌」，成為

品牌進軍市場的行銷利器。

　　以可口可樂為例，每年透過瓶身的包裝結合行銷活動，不斷創造公司的銷售額新高點，像是客製個人化瓶身、多款獨特的台灣城市瓶、各地景點設計瓶、2021跨年英國推出的許願瓶等，在在引發消費、蒐集熱潮。此外，更透過此種包裝與行銷口碑結合，創造可口可樂歡樂、創意的獨特品牌形象。

（2）提高購買意願

　　好的包裝設計，絕對不只是包裝盒上的設計這麼簡單！我曾輔導一家想由代工轉型自有品牌的面膜廠商，整體設計風格與包裝使用材質皆走自然環保風格。但當我想要拆開其面膜外盒，卻花了大概快10分鐘的時間，整個外盒更因為我用力過度，變得支離破碎，當場讓我對於產品包裝大打折扣。**包裝設計需要從使用者角度，考慮產品應用的實用性，將產品的功能完滿地呈現給客戶，才能吸引購買，更創造好的顧客滿意度。**

　　以台灣杏仁品牌林銀杏為例，在杏仁粉產品大受歡迎後，因為消費者的反饋，推出30包裝的隨行包，讓愈來愈重視健康的上班族也可以輕鬆攜帶食用，也增加了外食族或長時間出門在外族群的購買意願。

（3）塑造獨特的包裝體驗

　　說超商貨架是高競爭度場域，必定沒有人反對，產品種類五花八門，產品想要在貨架上脫穎而出相當困難！想想看，如果你的品牌力不夠，曝光率不高，設計又不出眾，產品很可能就淹沒在眾多的競爭者中，看不到銷售量提升的契機。

有許多品牌在包裝設計的互動性或外觀上增加與消費者的互動，透過搶奪消費者眼球的方式，吸引購買意願，為產品銷售加分。你可以參考這個網站：https://reurl.cc/b29VZr，可以看到更多的品牌在包裝設計上下功夫，吸引消費者的目光，在眾多競品中勝出。

（4）傳達品牌價值

DIELINE是全球瀏覽量最高的包裝設計網站之一，曾經表示：「**我們一直挑選最好的包裝，但是只談包裝已經不夠了。我們需要考慮人們如何體驗品牌，以及品牌是如何與我們的生活，整個文化深深地交織在一起。」**[63]

我們可以發現，近幾年來，**使用可回收材料，減少塑料的使用成為包裝的重要趨勢之一。**以髮類品牌艾瑪絲（AROMASE）為例，除了產品設計獲得德國iF設計大獎，更取得從內料到包裝材質，皆使用再生材質的C2C搖籃到搖籃銅級認證，透過包裝強化了品牌價值，傳遞品牌精神，締造銷售佳績。

在消費者購物行為破碎、產品資訊爆炸的年代，從產品生產到最後售出的每個環節，都受到許多內、外在環境因素的干擾，而「產品包裝」可以說是顧客購買產品前最後一哩路。雖然包裝最主要目的是保護產品，但若只是單純貼標，裝箱非常可惜。善用產品包裝，讓它成為向消費者傳遞產品理念的重要載體，才是掌握消費者最後一哩路的成功關鍵。

63　包裝設計9大趨勢！回顧2018最受注目包裝，重點在於「人們如何藉此體驗品牌」
　　（https://reurl.cc/n1Dv02）

✎ **品牌筆記**

善用產品包裝，讓它成爲向消費者傳遞產品理念的重要載體，才
是掌握消費者最後一哩路的成功關鍵。

4.3.10 行銷活動維持一致性

行銷活動與品牌的關係密不可分！

行銷看似簡單，但是要做到為品牌加分則不簡單。行銷人員的功力，以及是否具有品牌概念，從行銷活動的操作即可看出。BrandInsight（品牌內涵）就如同「靶心」，行銷活動如「飛鏢」，而飛鏢最難的就是射中靶心。

好的行銷活動，短期內要能提升銷售業績，長期要能累積品牌形象！ 你能想像有些行銷活動不只不能射中靶心，還會傷害品牌嗎？你如果仔細觀察，這種事情每天都在發生。例如現在愈來愈多的品牌、百貨公司、電商等，天天都在做促銷；新冠疫情期間，大家都缺業績可以理解，幾乎很多業者都在打對折或更多，但是很少看到有結合品牌概念的促銷活動，甚為可惜！

什麼是結合品牌概念的促銷活動？例如王品的品牌承諾是「只款待心中最重要的人」，所以延伸了重要的節日為客人留下珍藏照的行銷活動；星巴克即使常常推出買一送一，也會用「第二杯招待」跟你溝通，而不是赤裸裸的促銷。

再者，以「Just Do It」為品牌承諾的NIKE，過去一直以膾炙人口的行銷活動累積品牌資產，包括各種賽事的舉辦、從小朋友就開始培養的訓練營隊，到推出NIKE+ Run Club 健身的App，除了自動為你制定健身計畫及記錄使用者的運動狀況，NRC更設計了多項功能如排行榜、挑戰、達成勳章等，激勵使用者不斷參與及社群互動。這種種的行銷行動，都在在

貫徹品牌的承諾。

行銷人員一定要認知到，盲目的促銷就像包著糖衣的毒藥，因為當消費者體認到這個品牌365天都在打折，只要有一天品牌不打折，消費者就會停止購買。甚至，你的折扣要愈打愈深，這些消費者才會買單。

英國潮牌Superdry曾在2018年創下股價高峰，卻因為全年52周當中，有48周都在折扣，就連核心產品也不例外，讓本來的潮牌成為一家折扣超市。從這個案例看來，無品牌主張的促銷活動，或許短期可以看到業績提升，但長期卻會傷害品牌。

行銷人常說：「好的idea滿街都是，但符合策略的idea卻是少之又少。」所謂行銷活動要符合策略，就是符合BrandInsight（品牌內涵），更具體的說，就是要滿足「紅三角酷」的定義。

每次參加動腦會議時，總是有無數的創意想法被激發出來，但是，當你回頭檢視這些創意點子是否跟BrandInsight（品牌內涵）相符，則會刪掉一大半。

一般公司往往忽略訓練部門，或是訓練內容與品牌無關，成功的品牌管理必須整合體制內的訓練資源，透過訓練部門的課程，將品牌文化深化到每一個同仁身上（特別是第一線的服務人員），讓他們也成為品牌的擁護者、實踐者、代言者，就是全員品牌的「內部互動行銷」。（圖1）

行銷企劃人員則應主導BrandInsight（品牌內涵）的形成，以及所有的「外部互動行銷」，包括對消費者、對媒體的溝通，並確保所有的行銷溝通都不能偏離「靶心」。

店鋪服務人員與消費者最為接近，當顧客接觸到外部訊息來店消費時，將會以嚴格的眼光檢視服務人員的一舉一動，看看外部所說的，與內

部所做的是否一致。此時，店鋪同仁與顧客之間的關係稱為「**店鋪互動行銷**」，訓練有素的服務人員會落實品牌的一言一行，不僅為品牌加分，也讓客人感受到一致、美好的消費體驗。

圖1 全員行銷品牌

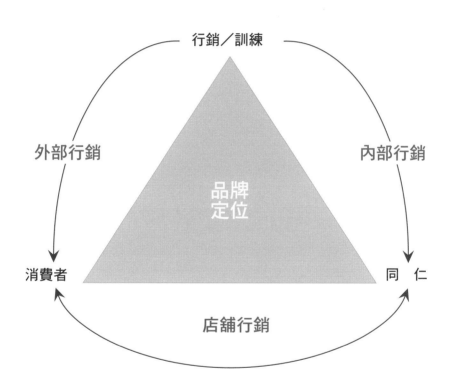

也許你也會發現，很多經營者及行銷人員，很努力的在推廣品牌，但是當你來到店鋪時，感受到的、看到的，跟聽到的往往差異很大，這也就是不重視訓練的結果，因為很多經營者認為訓練時浪費錢，看不到業績，

乾脆不投資。

　　因此，從施予內部同仁以品牌文化訓練的「內部互動行銷」、透過各種媒體傳遞訊息給消費者的「外部互動行銷」，一直到店鋪同仁與來店客人進行面對面服務的「店鋪互動行銷」，構成了經營服務業的「全員行銷品牌」的活動，缺一不可！

✐ 品牌筆記

所謂行銷活動要符合策略，就是符合BrandInsight（品牌內涵），更具體的說，就是要滿足「紅三角酷」的定義。

6大品牌定位溝通策略

ESG

Environmental
Social
Governance

Apple   ZARA
Google   UNIQLO
NIKE   Walmart
adidas   IKEA
H&M   Mercedes

5.1 USP 定位策略

　　這一章我要跟你分享六大品牌定位溝通策略，按概念與理論提出順序分別是：「USP定位策略」、「品牌形象策略」、「品牌個性策略」、「品牌定位策略」、「品牌權益策略」、「平台品牌策略」。

　　你或許會在其他書本看到1~2個品牌定位理論的介紹，本篇我為你整理從1940年代到現在，每個時代主要的品牌定位策略的演進，一次做一個完整的介紹，讓你觀古知今，融會貫通。（圖1）

圖1　品牌定位溝通策略的演進

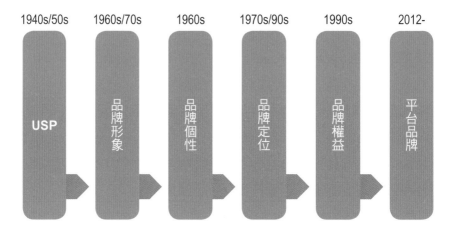

每個時代的品牌定位溝通策略，必然有其時空背景，但卻不會因為時間的演進而被淘汰。就像電動車、汽車、摩托車的發明，並不會完全取代最初腳踏車的存在，反而在各個不同領域，找到自己擅長的應用。

從1940年代開始，基本上，每10到20年就會有一個主流的品牌定位溝通論述，這一章節我要為你介紹的是「USP定位策略」。

「USP」就是Unique Selling Proposition（也可以是Unique Selling Point）三個字的縮寫，中文就是我們常說的「獨特銷售主張」。USP是在1940年代由里夫斯（Rosser Reeves）所提出，至今經歷80年的驗證，雖然在之後包括品牌形象策略、品牌個性策略，到現在的平台品牌策略，陸續被提出，但USP定位策略仍被廣泛地運用。

里夫斯是美國Ted Bates廣告公司創辦人的創意夥伴[64]，他強調廣告必須引發消費者的認同，USP定位主要讓消費者從廣告中解決問題，而不是硬將產品透過廣告塞給消費者。

所謂的「獨特銷售主張」，就是找出產品或服務的主要特色，而這個主要特色，足以讓產品從眾多的市場競爭者中脫穎而出。但是更重要的是，品牌不會跟市場溝通「產品特色」（feature），而是溝通「產品利益」（benefit）。

里夫斯將他提出改變行業革命性的主張，分成三個部分[65]：

第一：每一個廣告都必須提出一個主張給它的消費者，不只是美麗的詞彙，不只是誇大的產品，也不只是櫥窗的廣告。**每一個廣告都必須跟它的對象說：「買這個產品，你就會得到這個獨特的好處。」**

64　Ted Bates（advertising firm）（https://bit.ly/3FccIoJ）

65　Reality in Advertising, Widener Classics, 2015（原作出版於1961年）

第二：這個主張必須是競爭者所沒有的，或者沒有提出訴求的，就是必須要有獨特性：品牌所獨有的主張，或在該領域未曾被提出的廣告訴求。

第三：這個主張必須足夠強到可以吸引大量的消費者，例如吸引新顧客購買你的產品。

這裡我們就來看看幾個成功的USP定位策略案例，成立於1971年的聯邦快遞（FedEx），其創辦人史密斯（Fred W. Smith）是一位美國的傳奇人物，在80年代他突發奇想，推出透過飛機送貨，隔夜運達的服務，更以一句「隔夜送達，使命必達」，清楚劃清與當時競爭對手UPS快遞的定位區別。

你想想，在那個沒有電子郵件與即時通訊軟體的年代，本來要等二周以上的貨運，可以讓你隔夜拿到，是多麼獨特的定位。聯邦快遞與消費者溝通的定位，絕對不是船運與飛機運輸的比較，而是因為聯邦快遞，企業可以安心快速取得物件。這種服務的便利只能說是，「由儉入奢易，由奢返儉難」。從現在消費者對快遞貨品的等待，由好幾天、24小時，到6小時，就可以知道「隔夜到貨」這個革命性的獨特銷售主張，在當時如何撼動市場。

再來看看台灣，全聯超市一炮而紅的定位，在於把過去被大家詬病的地下室位置，轉換成獨一無二的USP定位。全聯強調自己把最貴的店租成本省下來，初期將門市設在地下室，透過省租金成本，讓消費者取得最便宜的產品，形塑全聯最「省」錢的品牌形象，是相當成功的USP定位案例。現在全聯更進一步把平價與美好生活連結，抓住年輕客戶群，站穩全

台最大民生用品通路品牌的地位。

Zappos是美國最大網路鞋商，銷售額逾370億美元，佔全美國鞋類銷售的四分之一。1999年，因為創辦人斯溫穆恩（Nick Swinmurn）在實體店找不到自己想要的鞋款，而萌生網路賣鞋的創業想法，邀請謝家華（Tony Hsieh）擔任執行長，10年後被Amazon用12億美元收購。Zappos到底有甚麼魔力創造網路賣鞋的高黏著度？當時消費者的痛點的確是在有限的實體店面內，很難找到自己滿意的鞋款，但在網路上購買鞋子，即使種類再多，也無法試穿，不確定大小，因而裹足不前。

Zappos不定位自己是擁有最多鞋款的品牌，而是訴求「沒有最低購買雙數」，顧客可以試穿後再退回，完全免運費，365天內不滿意還可以全額退費。這樣的主張，以及在這個主張之下提供的服務，克服了消費者的痛點，贏得消費者的認同，也為Zappos帶來了高達75%的回頭客，創下鞋界奇蹟。

從上面的例子中，可以知道顧客真正購買的不是產品，而是解決方案及利益。找出品牌的USP，為消費者提供獨一無二的解方，讓你的品牌脫穎而出。

✐ 品牌筆記

USP：「買這個產品，你就會得到這個獨特的好處。」

5.2　品牌形象策略

　　時代演進到1960年代，奧美廣告創辦人奧格威（David Ogilvy）提出了品牌形象策略理論。他認為，所謂的品牌形象，不再只是圍繞著產品優勢，而應該是產品所有有形、無形特徵的總和，包括命名、包裝、價格、歷史、聲譽及其廣告宣傳的訊息。也因此，每一個廣告或宣傳，其實都是為了建構品牌形象的長期投資。[66]

　　你可能會問，為什麼奧格威會在1960年代提出這個觀點？

　　我在上一章節裡提到1940年代出現的USP定位策略，當時的時空背景，主要是因為美國工業化快速發展，各種產品的競爭情勢愈來愈激烈。這個時候，為了讓自己的產品與競爭對手有所差異，里夫斯（Rosser Reeves）提出USP定位策略，告訴企業品牌需要為產品定義專屬的獨特賣點，才能在眾多的競爭對手中脫穎而出。

　　隨著產品研發與科技的進步，到了1960年代，產品間的差異化愈來愈小，同質性愈來愈高，因此幾乎很難再找到產品的獨特賣點（例如你的冷氣訴求強冷，大家都做得到，功能沒有差異化），USP定位理論的應用遇到瓶頸。

　　當時，在為客戶企劃廣告過程常遇到這個問題的奧格威，從品牌定位

66　THE IMAGE OF THE BRAND – A NEW APPROACH TO CREATIVE OPERATIONS
　　（https://bit.ly/3vDMZ5k）

角度，提出了品牌形象的概念，認為應該跳脫過去只重視產品獨特銷售主張的階段，透過塑造品牌形象，建立差異化，也因此催生了品牌形象理論。

甚麼是品牌形象？NIKE在每四年一次的世界足球錦標賽中，推出多個膾炙人口的廣告，在一支集結了巴西的內馬爾、葡萄牙的世界足球先生C羅納度等名人，以「不敢冒險才最危險」的動畫中，沒有看到任何一雙球鞋的廣告或特寫，也沒有說到球鞋的促銷，但卻以一個足球團隊面對挫敗，挑戰冒險的故事，獲得極高的傳播率。

在這個過程中，NIKE正在累積的就是「品牌形象」這項無形資產。所以，當顧客看到NIKE的產品時，會相信穿上NIKE，正代表自己就是符合這個品牌形象的人。

再說到國泰金控從2015年以來推出的幸福計畫，從「小小鼓手」紀錄短片，創造出 一個8歲失明的孩子，33天站上演唱會舞台的圓夢計畫，內容真實更充滿衝擊性。2017年再度以「社子島少年行」為題，透過老師帶領一群迷惘中的少年，了解到「無論別人怎麼看，幸福是能靠自己的雙手找到的」！國泰金控並沒有置入任何財務產品，透過故事的鋪陳，傳達「給人幸福，就是幸福」的品牌形象。你說這對消費者對金融機構的認同感有幫助嗎？當各家金控提供的產品或服務大同小異時，信任感與幸福感的品牌形象就會發揮關鍵影響力。

近年來，廣受年輕新貴喜歡的英國香氛品牌Jo Malone（官網也沒有中文名，一般譯為祖馬龍），主要產品是香水。Jo Malone非常善於應用形象圖騰、情境比喻，誘發人們心中渴望的美好，無論是英式的佈置氛

圍，或是陽光揮灑的金色沙灘，在在激盪年輕人對品牌的喜好。[67]

從以上的案例類推，當我們一提到Jo Malone、NIKE、adidas、國泰、特斯拉、TOYOTA等，**消費者想到的已經不單只是產品，還會聯想到一連串跟這個品牌相關的顏色、特色、感覺、精神、故事或歷史等，這也就是我們講的品牌形象。**

在大數據時代，產品的差異性愈來愈小，同質性愈來愈高，想要只靠產品的實體特色，說服消費者購買愈來愈難。除了理性的性價比或功能性選擇，透過品牌形象，形塑情感性認知，絕對要比強調產品功能更具影響力。

如今，具有高消費力的Z世代對ESG的認同，讓企業在思考品牌形象策略的內涵時，可以加入環境永續、社會關懷以及公司治理的元素，無論是爭取Z世代的消費，或求才、留才都有更多的勝算！

同時，企業也可以選擇「數位科技」來刷新品牌形象，讓品牌更接近年輕人。歐洲的很多精品品牌如LV、GUCCI等，導入metaverse（元宇宙），讓Z世代在虛擬時空與品牌接觸，維持年輕化的品牌形象；台灣的藝人如周杰倫、陳零九、張惠妹等也首度發行NFT（非同質化代幣），一面投資，一面衝高社群流量，帶來更多年輕的追隨者。另外，Web 3.0也是企業可以布局的去中心化網路生態，愈來愈多年輕人及新創企業加入，品牌進入這個領域，勢必引起更多的關注度！

你要注意的是，品牌形象的投資，跟減肥一樣，絕對不是一兩天就可見效，也絕對無法與促銷宣傳所看到的立即性銷售相比擬。任何一個廣告或者宣傳，都是對品牌形象的長期投資，任何與消費者的接觸點都應該朝

67　Delight In The Unexpected | Jo Malone London （https://bit.ly/3w1CAiM））

既定的品牌形象前進，而非以追求短期效益為訴求重點。

這也就是為什麼，很多企業一聽到說要建立品牌形象，腦海立即浮出要花大錢當凱子；反之，很多行銷專家或代理商，會告訴客戶說，這一次的活動是「做形象」，暗示對銷售不要有太大的期待。

事實上，奧格威並不這麼認為。他說：「We sell or else.」[68]就是要創造具有銷售力的廣告，否則什麼都不是！奧格威還提到，千萬不要創作一個連你家人都看不懂的廣告，你是無法對你太太說謊的。

站在品牌管理者的立場，我認為任何的行銷活動，要做到「短期能幫助銷售，長期能建立品牌。」要做到這一點，就必須要從品牌定位的角度出發，每一個行銷活動都必須維持一致的品牌調性。

無論從以上的例子或奧格威的觀點，品牌形象絕對是對銷售有極大的幫助。大數據時代，廣告客戶不再像以前那麼有錢，媒體也大大分散，如何用小預算也能為企業建立品牌形象？這才是考驗企業或品牌行銷人，經營品牌的能力！

✏️ **品牌筆記**

站在品牌管理者的立場，我認為任何的行銷活動，必須要做到「短期能幫助銷售，長期能建立品牌」。

68　David Ogilvy Quotes（https://bit.ly/3kAszUB）

5.3 品牌個性策略

　　說到台積電創辦人張忠謀，大家想到的是其嚴謹紀律、深謀遠慮的個性；說到特斯拉創辦人馬斯克，大家想到的是其豪放不羈、大放狂言卻充滿夢想的個性；提到蘋果電腦的賈伯斯，大家想到的是天才、固執與追求完美的個性；這些鮮明的個性，讓消費者在聽到這些人名時可以不假思索，直覺反應。這些人的個性讓人如此印象深刻的原因，除了鮮明以外，更重要的是他的個性表現始終如一，不曾改變。

　　你可能會想，如果我的品牌也有這樣鮮明的個性，品牌對消費者而言是否就更為擬人，更像是朋友或夥伴的存在。品牌個性，指的就是品牌跟消費者對話、互動過程中所展現的個性。我們可以透過賦予品牌一個跟人類一樣的個性，讓你的品牌與眾不同，就像你不會覺得王品跟海底撈的個性是一樣的；你也不會覺得蘋果電腦跟小米是一樣的；這就是品牌個性的塑造。

　　我們先來看看品牌個性理論的緣起，奧格威（David Ogilvy）在1955年提出品牌形象理論的同時，也曾提出品牌個性的想法，他表示：「**每個廣告都是品牌個性長期投資的一部分。**[69]」到了1990年代，品牌個性的想

69　THE IMAGE OF THE BRAND – A NEW APPROACH TO CREATIVE OPERATIONS
　　（https://bit.ly/3vDMZ5k）

法已經廣泛的被廣告界及行銷學者所接受[70]。但是，真正讓這個理論受到重視，則是品牌行銷學者艾克（Jennifer L. Aaker[71]），她於1997年利用心理學中的人格理論模型，對品牌個性進行研究，也因此推升國內外眾多學者，開始涉足品牌個性的研究，讓品牌個性成為行銷學、心理學研究的顯學。

在第III部中，我已經提到定義品牌個性的重要性，以及評估品牌個性適合性的五個標準；我也提到，為品牌定義個性是企業的短板。本文要跟你分享，實務上我們會用到哪些形容詞，來定義個性，形塑品牌。

這當中最具代表性的，莫過於艾克（Jennifer L. Aaker）提出的品牌個性的五大構面[72]，包括真誠（Sincerity）、興奮（Excitement）、能力（Competence）、教養（Sophistication）及粗獷（Ruggedness），每一個構面包涵多種不同人格特質。（圖1）

真誠：務實的、友善的、樸實的、誠實的、真誠的、實際的、健康的、原始的、開朗的、感性的、友善的；

興奮：大膽的、時尚的、興奮的、熱情的、很酷的、年輕的、有想像力的、獨特的、最新的、獨立的、現代的；

能力：可靠的、勤奮的、安全的、智能的、技術的、團結的、成功的、領導的、自信的；

教養：高貴的、魅力的、美麗的、迷人的、女性的、圓融的；

粗獷：戶外的、陽剛的、西部的、強硬的、粗獷的。

70　A Brand As a Character, a Partner and a Person: Three Perspectives on the Question of Brand Personality（https://bit.ly/3FhE64t）

71　Jennifer L. Aaker為品牌大師David A. Aaker的女兒

72　Dimensions of Brand Personality（https://bit.ly/3ynpQFQ）

圖1　品牌個性五大構面

真誠	興奮	教養	能力	粗曠
☐	☐	☐	☐	
☐ 務實的	☐ 大膽的	☐ 可靠的	☐ 高貴的	戶外的
☐ 友善的	☐ 時尚的	☐ 勤奮的	☐ 魅力的	陽剛的
☐ 樸實的	☐ 興奮的	☐ 安全的	☐ 美麗的	西部的
☐ 誠實的	☐ 熱情的	☐ 智能的	☐ 迷人的	強硬的
☐ 真誠的	☐ 很酷的	☐ 技術的	☐ 女性的	粗獷的
☐ 實際的	☐ 年輕的	☐ 團結的	☐ 圓融的	
☐ 健康的	☐ 有想像力的	☐ 成功的		
☐ 原始的	☐ 獨特的	☐ 領導的		
☐ 開朗的	☐ 最新的	☐ 自信的		
☐ 感性的	☐ 獨立的			
☐ 友善的	☐ 現代的			

　　你也許會想，這麼多的形容詞我要從何下手？你可以選擇2~3個希望賦予品牌個性的形容詞，然後再加以描述。

　　如果是一個新的品牌，想像是你的初生嬰兒，你希望她長大後具有什麼樣的人格特質？例如希望她是一個有勇氣、有想像力的獨立女孩，這個描述比較接近「興奮」這一組（其實歸類在那一組並不重要，那只是學者便於論述的歸納）。

　　描述品牌的個性與形容人的個性，還是有差別的。雖然每個人的個性都是獨一無二，但是卻有比較接近的，例如小明與小牛都是班上愛說話、有活力、喜歡戶外運動同學。但是，品牌個性的定義，必須考量競爭品牌是否已經強佔該領域，例如可口可樂已經佔據歡樂的、年輕的或戶外活動

的領域，你就必須要避開。

還記得品牌大師艾克說過的話嗎？品牌有個性，可讓你的品牌與眾不同。**所以賦予品牌個性，是為了拉開跟競爭者的距離，讓你的品牌更容易被辨識、被認同，不至於淹沒在茫茫紅海中。**

描述品牌個性，也不只有以上42個形容詞能被應用，所以希望你不要被限制住，可以從生活、照片、電影、小說中去搜尋，去體會。品牌個性是品牌的無形資產，看不到、摸不到，不像產品很具體。所以，一旦你為品牌定義了個性，可以試著用圖片來示意，一張圖片有時可以隱含好多訊息，比文字更容易理解；也可以用這樣的方式來做訓練，內部溝通，或者跟你的行銷公司簡報，以便大家對品牌個性的理解，沒有誤差。

品牌個性很重要，但維持一致性的溝通，才是形塑品牌個性的不二法則。

✐ 品牌筆記

賦予品牌個性，是為了拉開跟競爭者的距離，讓你的品牌更容易被辨識、被認同，不至於淹沒在茫茫紅海中。

5.4 品牌定位策略

　　你知道一個人在同一個產品類別，平均能記住幾個品牌嗎？答案是：3個，而這還是指我們最常接觸的日常用品，像是牙膏、化妝品、餐飲等。這代表的是，在競爭激烈的品牌紅海中，除非是極為創新的應用，否則在同一種產品類別下，擁有3種以上的競爭品牌，是相當常見的事情。試想，如果是一個新品牌，要在茫茫紅海，進入消費者腦海中，並佔據一定的地位，真的一點也不容易！

　　這也是為什麼，到了1970-1990年代，在品牌大師賴茲和特勞特（Al Ries & Jack Trout）提出品牌定位策略後，馬上受到重視，到現在仍被廣泛的應用。然而，甚麼是品牌定位？又與其他的品牌定位溝通理論有何不一樣？

　　根據特勞特的定義：「定位並不是要對你的產品做什麼事，而是要在消費者心中佔有一席之地。」**品牌定位策略，就是要為你的品牌，在消費者心目中佔據一個獨特的位置，而且這個位置是競爭對手無法取代的，當消費者有需求產生，馬上想到你的品牌，那你就算有了一個成功的品牌定位。**

　　就像想要線上購書，就想到博客來；有掉髮問題，馬上想到落建；想優閒的喝杯咖啡，想到星巴克。這些品牌都有成功的定位，在消費者心中佔據一個獨特的心理位置，有需求時才能讓消費者第一個聯想到它，這也

就是我們在品牌管理中，常提到的Top of Mind（TOM）。

在思考品牌定位之前，有幾件事需要先好好思考，奧美集團策略長葉明桂撰寫的《品牌的藝術與技術》一書中指出，「定位」代表的含意，其實就是回答3個關鍵問題：產品要賣給誰？他們把這個產品當做什麼？以及他們為什麼要買這個產品？

（1）你的目標族群是誰？

在輔導的很多案例中，我發現要確認自己的目標族群，對許多品牌來說不是這麼容易。一開始，許多經營者會認為，我的產品真的很好，每個人都應該是我的消費者。可是，當所有人都是你的目標族群，就代表其實你沒有找到目標族群。

所以定位的第一步，可以透過各種市場數據、行為研究，甚至生活中的觀察，找出最適合品牌的顧客輪廓。

因為疫情來襲，對於過去可以去健身房運動的消費者來說，在家健身成突然成為剛需，美國以銷售飛輪、跑步機起家的Peloton立即主打「把健身房搬到你家」、「隨時隨地就能上課」，以及「專業教練課帶你進步」等豐富的訂閱制健身課程，在訂閱數及股價上有了優異的表現，這就是清楚定義目標族群，以及即時滿足消費者需求的成功案例。

（2）如何滿足他們的需求？

品牌就像一個人，總有人喜歡你，有人遠離你，不可能取悅所有人。**因此品牌需要一個清楚的定位，滿足目標顧客的需求，或者解決消費的痛點。**因為他們之所以成為你的顧客，是因為認同你的定位、價值觀、理

念，或者認為你可以解決他們的問題（痛點）。

就像汽車品牌很多，Volvo強調的是安全、Ferrari強調速度感、BMW強調駕馭的快感、TOYOTA強調平價的好品質，每個品牌都透過清楚的定位，在消費者心中佔有一席之地，滿足不同需求。

線上平台品牌也是一樣的，例如Airbnb專攻民宿、Hotel.com訴求星級旅館、Luxury Retreats則提供高檔的別墅服務。對於平台品牌而言，大者恆大，甚至最後一個類別只會留下一個超級品牌的遊戲規則下，定位尤其重要。如果與競爭品牌有相似的定位，或者定位不清，只會直接被淘汰。

相對實體品牌而言，由於資訊的相對不透明，一個類別往往可以存在多個品牌，不過這樣的生態，也隨著大數據時代的來臨，疆界逐漸被打破，這也就是實體品牌必須加速數位轉型的重要原因。

（3）了解競爭對手並與之區隔

就像之前提到的，一個品類，每一個人平均只能記住三個品牌，所以如果你是一個後發品牌，要晉身到現有競爭對手的市場位置，真的是要非常努力，更要非常聰明的做好定位。

你可能會說，那我來模仿一下第一品牌好了，只要我賣得比它便宜一點就好，那你就會陷入價格戰，只要對手降價，就可能把你殲滅，而且你訴求的定位也會被第一品牌收編，沒有人會記住你是誰。

如果你還是難以找到品牌的獨特定位，可以從以下幾個方向著手：

從產品功能：例如解決落髮問題的落建、強調具有吸濕排汗功能運動衣等等。

從產品利益：以我們每天接觸的咖啡為例，超商35元的咖啡，對消費者的產品利益在於方便又即時；星巴克100-150元的咖啡提供的則是一個可以聊天的悠閒空間；五星級飯店的咖啡動輒200元以上，表達的在於個人的生活品味與對同行者的高度尊重。

從產品類別：以台灣相當競爭的面膜市場為例，黑面膜、蝸牛面膜獨創一個新類別，都是相當獨特的品牌定位，可以讓產品快速跳脫競爭的紅海市場，大大增加消費者的注意力。

從使用地點與時間：例如專為夜貓族需求開設的清粥小菜、專為貴婦所設置的下午茶店等，都是用使用地點與時間思考品牌定位。

從與競爭對手的價格：例如全聯平價好貨的品牌定位，小米、OPPO等手機強調全功能但具有價格優勢的定位。事實上，如果你的經營成本比競爭品牌更低，同時又可以提供相似的品質，用比競爭者低的價錢進入市場，讓用戶「省」更多，甚至可以顛覆整個產業，例如通訊市場的華為、手機市場的中國品牌。

從品牌理念與價值觀：如果企業在生產過程中奉行並落實ESG，便可以將環境永續、社會關懷做為定位訴求，爭取Z世代的認同。例如巴塔哥尼亞（Patagonia），便主張「Buy Less, Demand More」，進行品牌差異化，區隔競爭者。

　　品牌定位很重要的思考點在於對目標消費者的了解、需求與掌握，透過滿足他們的需求或解決他們的痛點，進而取得消費者的心佔率。

　　相信你已經理解，定位並非訴說我的產品有多厲害為思考點，而是以「定位」在消費者心中「區隔」出一個位置，讓品牌活在消費者心中。

最後，一旦決定品牌定位就要徹底執行，而且要貫徹我在第IV部所提到的十大品牌行動！

✐ 品牌筆記

品牌定位策略，就是要為你的品牌，在消費者心目中佔據一個獨特的位置，而且這個位置是競爭對手無法取代的，當消費者有需求產生，馬上想到你的品牌，那你就算有了一個成功的品牌定位。

5.5　品牌權益策略

　　「品牌權益」（Brand Equity）是一個財務的概念，也可以翻譯成「品牌資產」。學過財務管理的人都知道，淨值等於資產減負債（Equity = Asset - Liability），也就是股東的權益。所以權益可能為正，可能為負，因為大部分的權益都是正的，所以很多人也把品牌權益翻譯為品牌資產（Brand Asset），事實上是兩個不同的英文名詞。

　　品牌權益既然是一個財務的概念，就會有財務的價值。國際性品牌顧問故事Interbrand每年都會為品牌鑑價，發表100大品牌價值的排名。2021年百大品牌排行中，最高價值的前三大品牌分別是Apple的US$4,083億、Amazon的US$2,492億、Microsoft的US$2,102億，100大品牌的最後一名Sephora也有US$46億的品牌價值。[73]

　　品牌價值是一個綜合性的財務指標，例如也考量品牌在海外的營收，所以品牌價值通常大幅度低於企業的市值，甚至比企業的實際營收還低，品牌價值傾向看的是品牌的綜合價值及未來潛力。

　　1990年代品牌學者艾克（David Aaker）從財務觀點定義品牌：「品牌權益」（Brand Equity）是一組連結品牌名稱與符號的資產及負債，透過產品與服務，提升或減低給公司和消費者的價值。」

　　根據艾克的定義，品牌權益至少包含了「品牌知名度」、「品質認知

73　Best Global Brands (https://reurl.cc/1Z1XWG)

度」、「品牌忠誠度」、「品牌聯想」及「品牌其他資產（如專利）」等五個元素[74]。這五個元素並非彼此獨立，而是互相影響、互相激發價值。例如品牌知名度與認知度高的品牌，消費者可能擁有更多的品牌聯想；而品牌聯想豐富，就可能累積足夠的品牌好感，這幾個元素絕對是環環相扣的。（圖1）

圖1　艾克定義的五大品牌權益

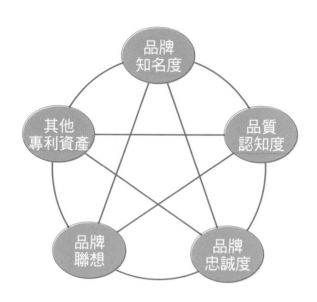

（1）品牌知名度（Brand Awareness）

只是一個很表面的名詞，如果你是一個品牌管理者，你要能辨識一下

74　Managing Brand Equity, Aaker, 1991

三種知名度的差別：提示知名度、未提示知名度、第一印象知名度。

　　這三種知名度通常透過問卷調查而得之：請問你有沒有聽過王品？這是提示知名度。請問你知道哪些牛排館？答案可能有王品、茹絲葵、鬥牛士等？所得到的知名度為未提示知名度。未提示知名度進一步細分為第一印象知名度，上述問題消費者回答的第一個答案如果是王品，王品就擁有第一印象知名度，也就是很多行銷人員口中的Top Of Mind（TOM）知名度。

　　通常提示知名度會高於未提示知名度，未提示知名度又會高於第一印象知名度，如果提示知名度是90%，未提示知名度大概不到45%，而第一印象知名度可能只有20%。知名度間的關係會隨著產業而有很大的不同，在低度競爭、品牌少的高知名度產業，例如：仲介業，會有類似以上的關係；在高度競爭的產業，例如飲料業，提示知名度、未提示知名度與第一印象知名度的落差會很大。（圖2）

　　在行銷上，第一印象知名度最有價值，因為它代表了在沒有任何提示下，消費者第一個閃過腦海的品牌，代表心象佔有率（Mind Share），我們也常用它來代表品牌偏好度，是消費者生活中最常想到、接觸到的品牌。

　　第一印象知名度之所以如此重要，是在於消費者對品牌個數記憶是有限的，根據研究指出，平均每一產品類別消費者只會記得三個品牌，所以品牌經營者無不卯足全力讓品牌擠入第一印象知名度的前三名。

（2）品質認知度（Perceived Quality）

　　根據艾克的定義，品質認知度指的是消費者對品牌所提供產品及服務

圖2　三種知名度關係

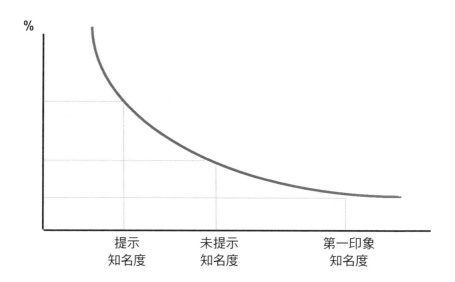

整體品質的印象，其重要性有三個：首先，消費者會傾向於購買品質印象好的產品；其次，可以透過品質跟競品產生差異化；再者，可以做為品牌延伸的有力基礎。[75]

很多廠商常常怨嘆，我的產品那麼好，為什麼他們不買呢？現實世界的狀況是，真正品質好的產品，不一定品質認知度高。例如有人認為MOMO的服務最快最好，事實上是如此嗎？可能是，也可能不是。也有很多人認為iPhone的品質最好，難道其他品牌的手機品質不好嗎？

為什麼會有品質好壞這樣的認知？那就是透過品牌行銷達成的效果。品牌的戰爭，其實就是一場「認知」的作戰，每一個品牌行動都在改變消

75　Managing Brand Equity, Aaker, 1991

費者對你的品牌、品質，以及各方面的認知，這也就是我一直提醒，品牌的一言一行，一定要有一致性，因為言行不一致會先輸掉消費者對品牌良好的認知。

（3）品牌忠誠度（Brand Loyalty）

我的實際經驗是，當你的產品價格比競爭品牌高或者一樣時，消費者是不是還會選擇你的產品？你可以這樣認為，品牌忠誠度是經營品牌權益的終極目標，因為每一個企業都希望消費者一直購買自己的品牌。

艾克把品牌忠誠度劃分成五個由弱到強的等級：品牌轉換者、習慣購買者、滿意購買者、情感購買者及死忠購買者[76]（圖3）。例如喜歡NIKE籃球鞋的消費者，就很難轉換到Adidas等品牌；Apple迷也鮮少因為三星等品牌出了更酷炫的手機，而轉換陣營。反之，只要是Apple出了新配件或延伸產品，Apple迷也一定不會錯過，可以說NIKE及Apple消費者，都擁有死忠的品牌忠誠度。

大數據時代，品牌忠誠度反應在導購的轉換率。有人會質疑，現在消費者還有品牌忠誠度嗎？一個網紅就可以創造上億的銷售、一個平台靠著大數據就可以左右消費者的選擇，消費者對品牌愈來愈「不忠」了，但是忠誠度所反應的轉換率，仍然是經營品牌終極的目標。

根據電通集團的調查[77]，到了2030年，消費者對品牌的選擇只會更集中，有3分之1的消費者會考慮集中使用一家品牌公司來滿足所有的生活需求，包括購物、醫療和金融服務等。這個現象在台灣則更為明顯，2020年

76　The Brand Loyalty Pyramid, Aaker, 1991, p.40
77　Dentsu Consumer Vision Survey, 2020

圖3 品牌忠誠度金字塔

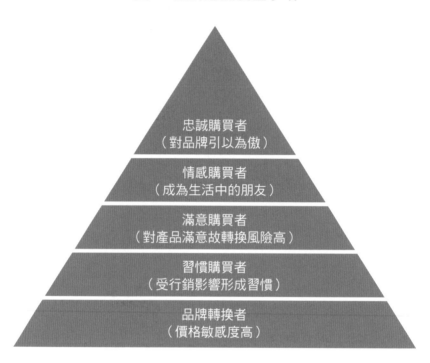

忠誠購買者
（對品牌引以為傲）

情感購買者
（成為生活中的朋友）

滿意購買者
（對產品滿意故轉換風險高）

習慣購買者
（受行銷影響形成習慣）

品牌轉換者
（價格敏感度高）

的調查顯示[78]已經有36.8%的消費者認定一個品牌就會一直使用它。

回想一下，你每天要使用的LINE、facebook以及Apple手機等，你是否同時在這些品牌購物？聽音樂？或者買了該品牌其他系列的產品呢？所以在大數據時代，品牌的忠誠度是更高還是變低？消費者忠誠度的金字塔，也許沒有太大的改變，只是今天忠誠的品牌已經由實體的品牌，移轉到大數據概念的品牌，或者是線上線下的品牌了！

---

78 電通行銷傳播集團消費者溝通研究CCS, 2020

（4）品牌聯想（Brand Association）

指的則是消費者透過品牌而產生的聯想。例如提到NIKE，消費者想到的絕對不只是球鞋，更包括柯比布萊恩（Kobe Bryant）及努力不懈的運動家精神。提到IKEA，聯想到的可能也不只是銷售家具家飾，而是提供各種家居需求體驗。說到新加坡航空，想到的絕對不只是飛機，還包括無微不至的搭乘體驗。消費者對於品牌的聯想可能非常多，也可能完全說不上來。如果品牌聯想又多又正面，表示品牌資產雄厚，反之則缺乏品牌力。

從服務通路品牌的觀點，我認為消費者的品牌聯想，從有形到無形，也包含了五個層次：產品聯想、識別聯想、企業聯想、使用者形象及體驗聯想（圖4）。我在最後一個章節再來說明。

我認為，未來消費者對品牌的聯想，其中「企業」的聯想將扮演關鍵的角色，尤其企業在ESG（Environmental, Social, Governance）的投入與貢獻，將直接影響消費者是否認同及選擇該企業的品牌。

（5）其他品牌專利資產

包括專利、商標、得獎、認證等，能為品牌加分的肯定都是。例如長榮航空加入星空聯盟（STAR ALLIANCE）、成真咖啡取得B型企業（B Corporation）認證、麥味登的炸雞品牌炸雞大師取得清真哈拉（HALAL）標章等等，這些來自外部機構或標準的加持，成為品牌資產的一部分，讓消費者選擇品牌時，多了一個支持的理由。

品牌資產一直是行銷面與傳播面的大議題。**從行銷傳播的角度，對建**

立品牌知名度、品牌認知度及品牌聯想的貢獻最大；從大數據預測行銷的角度，數據正在改變消費者對品牌的黏著力，也就是品牌忠誠度的對象。

圖4　品牌聯想的五個層級

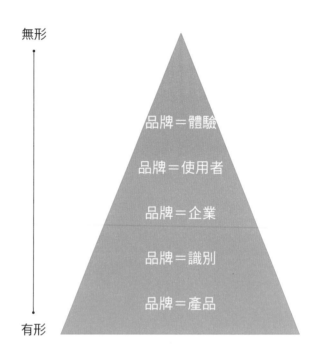

無形

品牌＝體驗

品牌＝使用者

品牌＝企業

品牌＝識別

品牌＝產品

有形

　　請問，你的品牌有甚麼資產可以「吸附」你的顧客？現在就可以從這五個資產，開始盤點、擦亮、建立，以便跟競爭品牌產生差異化！

從行銷傳播的角度，對建立品牌知名度、品牌認知度及品牌聯想的貢獻最大；從大數據預測行銷的角度，數據正在改變消費者對品牌的黏著力，也就是品牌忠誠度的對象。

5.6 平台品牌策略

　　實體品牌定位溝通策略的演進，從USP、品牌形象、品牌個性、品牌定位、品牌資產，來到20世紀末期，已經達到了高峰。

　　1994年，從貝佐斯（Jeff Bezos）創立Amazon網路購物書店開始，宣告進入平台的時代，只是當時大家仍在觀望，這樣的電商平台是否會成為消費者可以接受的商業模式？今天，已經沒有人會懷疑這個產業存在的事實！

　　2010年美國《時代周刊》將「共享經濟」列入「十大將會改變世界的主意」之一。例如Uber、Airbnb、TikTok（抖音）等的出現，更讓平台共享經濟開始改變了消費者的使用行為。消費者從嘗試到信任，願意參與共享經濟活動的比例大幅提升，讓平台共享經濟成為另一個重要的品牌戰場。

　　然而，最早探討平台商業模式的是《Platform: Get Noticed in a Noisy World》的作者海亞（Michael Hyatt）。他於2012年提出，現在企業要成功必須擁有兩項資產：除了一個令人不可抗拒的產品之外，還要擁有一個有價值的平台。

　　《Platform Revolution》[79]派克（Geoffrey G. Parker）等三位作者，於2016年提出網路平台運作邏輯與競爭規則，以及經營平台的成敗關鍵。此

79　本書由天下雜誌翻譯出版，名稱為《平台經濟模式》。

後，美國及中國有關探討平台的書籍，才被學者、專家大量的提出來。

我們前面的章節也提到，平台品牌跟實體品牌經營很不一樣。Uber共同創辦人卡蘭尼克（Travis Kalanick）所說的：「我們不是以市場為核心打造一個產品，而是以滿足顧客為核心來打造一個體驗。」所以，同理實體品牌，本文對於平台策略的探討，乃是從品牌與行銷溝通的角度出發。

共享平台經濟跟傳統的生意模式有甚麼不同？共享經濟強調的是「去中介化」[80]的機制。既然經營模式相當不同，那品牌行銷有很大的不同嗎？沒錯，一般而言平台品牌往往沒有自己的實體產品，例如Uber並沒有自己的車，Airbnb沒有自己的旅館，**平台的「介面」其實就是平台的主要產品，而信任是共享經濟的主要核心**。所以平台賣的是「介面」上的「媒合」服務。對於經營平台的品牌而言，平台的「介面」及供需雙方的「媒合」構成平台品牌的金三角，缺一不可。

（1）平台品牌策略

可以說「重資產」的傳統品牌交易在實體通路完成，但是「輕資產」的平台品牌媒合則是在線上完成，這是兩者根本的不同。所以，**一個平台品牌的建立，必須兼顧平台交易的使用者介面**（User Interface, UI）**、供給方**（Supplier）[81]**、需求方或我們稱消費方**（Consumer）**三方，而這就是平台品牌成功的金三角。**[82]（圖1）

80　事實上，「平台」本身也是中心化的一部分；只有到了區塊鏈驅動的Web 3.0，才是真正的去中心化。

81　供給方也有人稱為企業（Business），我不把它稱為企業，因為供給方不一定是企業，很多時候是個人。

82　以MarTech經營大數據會員行銷，高端訓著，時報出版。

圖1　平台品牌成功的金三角

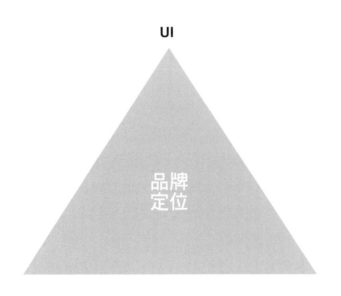

實體品牌的成長，根基於品牌效應（Brand Effects）；平台品牌的成長，仰賴的是網絡效應（Network Effects）。根據《平台經濟模式》的作者派克的主張，網絡效應可以分為同邊效應（Same-side Effects），以及跨邊效應（Cross-side Effects）。同邊效應發生在C2C或S2S，即平台兩邊皆為同一種對象的的平台模式；跨邊效應則發生在S2C或C2S，即平台兩邊一邊為供給方，一邊為需求方的模式。

同邊效應是指市場某一邊的使用者，對市場同一邊的其他使用者產生影響，例如供給方對其他供給方的影響（Alibaba上的供應商對供應

商），或者需求方對其他需求方的影響（交友網站Meetup上的消費者對消費者）。

　　反之，跨邊效應是指市場某一邊的使用者，對市場另一邊的使用者產生影響，例如供給方對需求方的影響（大眾點評上的餐廳對消費者），或者需求方對供給方的影響（團購網站上的消費者對供應商）。

　　進一步，無論是同邊效應或跨邊效應，還可以分成兩種不同的效應，即：正向／負向同邊效應與跨邊效應，形成四種不同的情境。（圖2）

圖2　平台品牌的四種網絡效應

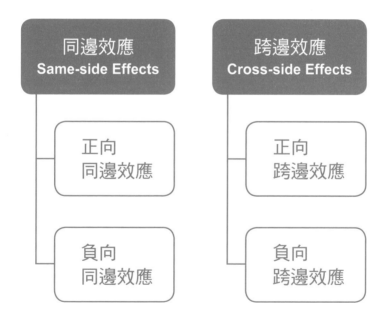

傳統品牌的建立主要在溝通需求方；平台品牌則要同時兼顧需求方與供給方，維持雙方在一個平衡的比率，這個比率稱為經營平台品牌的「黃金比率」[83]。

如果這個比率失去平衡，就會產生負向的同邊效應或跨邊效應，也就是平台一邊的使用者增加（或減少），導致平台失去維持生態平衡的黃金比率，而對另一邊的使用者造成不利的影響，例如乘客叫不到車、路上空車太多，或者對另一邊的使用者產生騷擾行為。

假設1名Uber的司機，每小時可以服務3名乘客，如果平台有1,000名司機，那就需要有3,000名乘客，這個平台的黃金比率就是1：3。如果今天有1,000名的司機，但卻只有2,000名的乘客，這時司機在路上空轉的機率變大，出現了負向的跨邊效應（Negative Cross-side Effects），也就是發生供給大於需求的災難。（圖3）

同理，假設Meetup上1,000個人才能促成1個聚會，如果有10個人想要組成小組聯誼，就需要有10,000個人在平台上，這個平台的黃金比率就是1,000：1。如果今天有10個人想要聚會，但平台卻只有9,000人，這時有的小組聚會可能找不到足夠的朋友加入，出現了負向的同邊效應（Negative Same-side Effects），也就是發生平台一邊的使用者，無法滿足同一邊其他使用者需求的困境。（圖4）

反之，如果平台的兩邊，無論是同邊或跨邊的數量及互動，都出現同步成長，而且維持一定的黃金比率，平台就出現了正向的同邊效應（Positive Same-side Effects）或正向的跨邊效應（Positive Cross-side Effects），這就經營平台品牌成功的關鍵因素。

83　如何維持平台品牌的黃金比率的行銷策略，請參考《以MarTech經營大數據會員行銷》，高端訓著，時報出版。

圖3　供給大於需求的災難

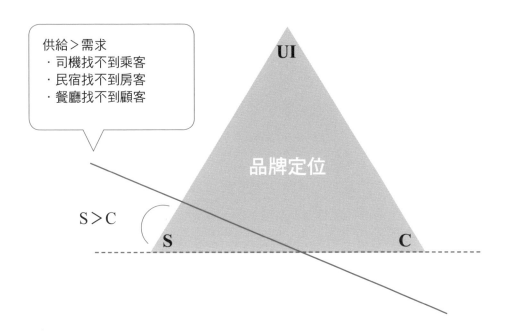

供給＞需求
- 司機找不到乘客
- 民宿找不到房客
- 餐廳找不到顧客

S＞C

UI

品牌定位

S

C

（2）內容品牌的建立

　　讀到這裡，你應該已經瞭解，建立平台品牌與實體品牌有著明顯差異。你應該也注意到平台品牌上有很多的不同的供給方，這些供給方可以是個人，如Uber的司機；也可以是企業，如foodpanda的餐廳，或者MoMo的賣家，而這都是實體品牌。

　　無論是個人或實體品牌，在大數據時代依附在平台品牌上做生意，這類品牌稱為「內容品牌」（Content Brand）。買家（需求方）與賣家（供給方），又為什麼願意冒著交易的風險，在虛擬平台上交易呢？

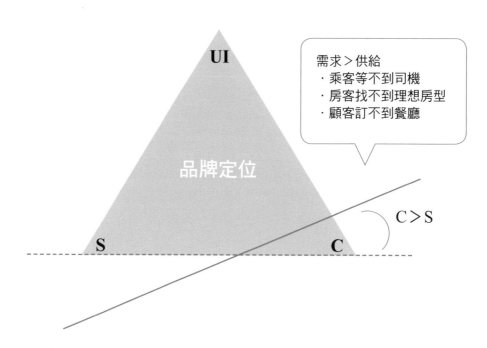

圖4　需求大於供給的災難

例如放棄過去用了好幾十年的計程車叫車服務，而去搭乘陌生人的Uber？又為什麼願意改變過去只住大旅館的習慣，選擇住在一個從沒見過的陌生人家裡？當中靠的就是信任機制的建立。

在實體品牌，企業用整合行銷建立品牌資產，而這資產包括艾克提到的品牌知名度、品質認知度、品牌忠誠度、品牌聯想及品牌其他資產等，來贏得消費者對品牌的信任；**在平台品牌上，有無限多的供給方及需求方，透過雙方互相留下評價（Review）所建立的「分散式信任」**[84]，**來建立品牌。**

84　Who Can You Trust? Rachel Botsman, Public Affairs, November 2017

因此，相對於傳統的整合行銷，循著AIDA曲線建立品牌的法則，我歸納出一個以PRRO來建立平台上的內容品牌的模式。PRRO就是Platform（平台）、Review（評價）、Reliance（信賴）、Order（購買）。（圖5）

圖5　以PRRO建立內容品牌

Platform：**首先，你必須找出最多人用、最有影響力的幾個平台品牌，然後依附在上面。**由於資源有限，你不可能同時去十個平台，就像在實體世界，你的產品不可能上架到所有的行銷通路，而是會與市佔率最強、對象最適合的通路合作。「大樹底下好乘涼」，就是這個道理。

Review：**接著，認真經營品牌在這些平台上的評價。**根據行業不同，有各種各樣的平台可以選擇，如餐飲有EZTABLE、TripAdvisor、大眾點評、inline、Yelp等；住宿有Airbnb、Agoda、Booking.com、trivago等；租車有Uber、55688、滴滴出行、Grab等。

除在合作的平台，你一定要記得在全球最大的平台Google及facebook進行商家註冊，它們的評價系統，可以增加你的品牌的能見度及信任度。我在多年前曾經替旗下每一個品牌、每一家店，註冊Google的「商家資訊」，讓顧客搜尋餐廳的時候，就能看見我們，也讓消費者消費後可以留下評論。

Reliance：**鎖定平台後，再透過各種服務及行銷方法，提升顧客的評價**。傳統上，我們用0800客服專線來管理顧客意見，但現在顧客不見得會再打電話反應，而是直接去網路上發表評價。每一則評價，都會直接影響潛在消費者對品牌的信賴度。

根據Forrester Research對線上使用者的調查[85]，有高達46%的消費者相信網路上的評價，只有43%的消費者相信公司的行銷訊息，對於公司官方網站的信任度則更低，只有32%。這個數據告訴我們，如果你的品牌要得到消費者的信賴，甚至不需要透過廣告，提升正面評價比什麼都重要。

Order：**當信賴度愈高的時候，就會為品牌帶來大量的訂單**。有些人以為，我經營的是實體品牌，對網路不需要太關心，甚至也不太瞭解，這是一件很危險的事。實體品牌生意不好，更應該回頭看看，是不是在網路上的評價很差，而不是老想著去投廣告。

這種在分散式信任理論基礎下，建立的PRRO品牌管理模式，可以讓平台上的內容品牌，也就是供給方的賣家，可以不需要再仰賴傳統上的整合行銷，來建立消費者對品牌的信任，這是在大數據時代建立品牌，一個很大的差異。

85　Online Reputation Management Trends for 2022（https://bit.ly/389QreV）

「平台品牌」的建立，兼顧平台交易的使用者介面、供給方、需求方，而這就是平台品牌成功的金三角；平台上的「內容品牌」，透過供給方及需求方互相留下評價，建立的「分散式信任」來形塑品牌。

第 **VI** 部

9大品牌成長策略

ESG
Environmental
Social
Governance

Apple   ZARA
Google   UNIQLO
NIKE   Walmart
adidas   IKEA
H&M   Mercedes

6.1 品牌擴張的條件

　　以前開會的時候，除星巴克，我偶而也會前往McCafé。當時McDonald's開設McCafé，的確讓麥當勞藉由品牌擴張而紅極一時。宏碁電腦在遭遇虧損之後，便以宏碁為旗艦，再依照不同生活方式，發展出新的子品牌，其中之一，就是針對電競玩家發展的子品牌「Predator掠奪者」。

　　品牌擴張曾經是1980年代的熱門課題，當企業的成長面臨瓶頸，品牌擴張似乎成為解決的萬靈丹，但品牌擴張策略真的是品牌成長的最佳方式嗎？

　　行銷專家克魯索（Qurusoff）指出：「根據研究，新推出的產品中，超過八成都是品牌延伸，而根據經驗，這些產品中高達87%可能會失敗。」市場上品牌擴張相當氾濫，可能今年上市新品牌，明年就延伸產品線，這類品牌或許可以帶來短期榮景，長期卻大都走向失敗。

　　我認為要做到成功的品牌擴張，至少要考慮三個條件：通過消費者的認知檢驗、擁有雄厚的品牌資產，以及龐大的企業資源為後盾。條件符合愈多，成功機會愈大。（圖1）

圖1　品牌擴張的條件

品牌成長

消費者認知

品牌資產

企業資源

（1）要通過消費者的認知檢驗

　　根據我的觀察，台灣的企業進行品牌擴張時，首先考慮的是如何分攤固定成本、擴大市場佔有率，極少從消費者的觀點考量品牌是否適合擴張。

　　麥肯錫（McKinsey & Company）曾經選定主要品牌，逐一詢問消費者對該品牌擴張的意見，以尋找品牌延伸的機會。

　　麥肯錫的研究人員提出兩個問題，第一個問題是：「你認為該品牌跨足到某個領域提供產品或服務，是否適當？」再問：「你認為該品牌跨足到該領域後，將比現有的業者表現得更好、普通或更差？」

我認為在這兩個問題之後，還要繼續追問「為什麼？」以探知消費者心中真正的想法，這才是支持品牌能不能擴張、以及如何成長的背後理由。

（2）要有雄厚的品牌資產支撐

品牌資產包括「品牌知名度」、「品質認知度」、「品牌忠誠度」、「品牌聯想」及「品牌其他資產 （如專利）」等五個元素。在實務上，我們又常用消費者品牌聯想來衡量品牌資產。

強勢品牌所反映的品牌資產，是豐富而多元的。就消費者觀點，品牌聯想資產愈豐富、愈寬廣、愈正面，品牌擴張的潛力就愈大；反之，擴張的潛力就愈小。

以迪士尼為例，消費者認為它可以提供全家人的娛樂需求，所以，只要迪士尼願意，它絕對有潛力擴張到與「家庭娛樂」有關的領域，譬如它所推出的線上串流平台「Disney+」，僅16個月就達到訂閱數破億的好成績，就是品牌擴張的成功案例之一。

再以本土品牌為例，acer和ASUS給消費者主要的品牌聯想都是電腦專家，因此產品線往下延伸至筆記型電腦、平板等，屬於消費者可以接受的範圍。但是若產品線繼續橫向延伸至通訊領域的手機市場（這兩個品牌並沒有塑造自己是電腦通訊領域的強大資產），結果就備受考驗，例如acer已經放棄，ASUS的手機仍就面臨相當的挑戰。

當中原因很多，包括產品的設計、體驗、創新都是因素，而品牌聯想則是消費者是否願意給予機會的重要考量。

（3）要有龐大的企業資源為後盾

難道說，沒有消費者的正面認知及雄厚的品牌聯想資產，品牌延伸就沒有成功的機會嗎？

俗話說得好：「有錢本身就是一個策略。」如果你的品牌擁有如NIKE的行銷資源、P&G 的廣告預算，同時又掌握關鍵人才與技術，企業仍有可能逆勢而為，讓品牌擴張走向成功之路。

這類成功案例，通常來自擁有龐大資源、人才與技術的企業品牌，如SAMSUNG、HITACHI、Apple、Amazon等，從家電到火箭無所不賣，就是最經典的例子。

一般而言，品牌雖然未擁有雄厚的聯想資產，有時候甚至是負的，但憑藉大量行銷資源的投入，仍有機會扭轉乾坤。因此，品牌資產與企業資源兩者是互補的，截長補短，仍可達到品牌擴張的目的。（圖2）

圖2　品牌擴張條件彼此互補

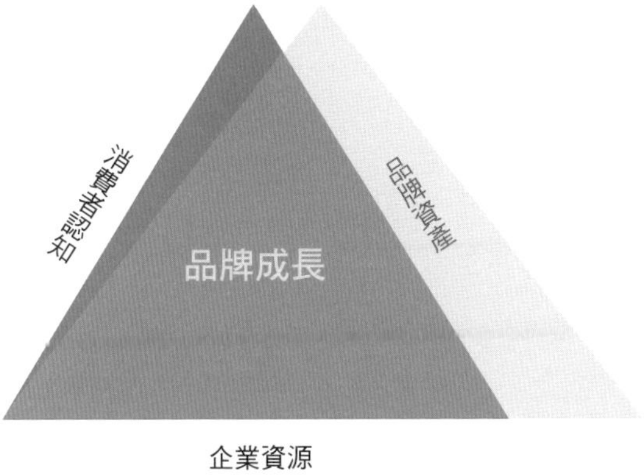

然而，大部分的企業並非含著金湯匙出生，資源有限。因此，企業在考量品牌擴張時，建議要從消費者對既有品牌的正面認知，及品牌聯想的廣度進行發展，才能降低不當擴張進而拖累母品牌的風險。

　　當企業有了一個成功的品牌，就會想到如何進一步成長（很可惜的是，大部分企業的失敗就是連第一個品牌都沒有做好就急著擴張），**我從企業經營與品牌管理的角度，歸納出品牌擴張的9大成長策略，分別為「品牌聚焦策略」、「產品線延伸策略」、「品牌延伸策略」、「副品牌策略」、「多品牌策略」、「品牌加盟策略」、「品牌併購策略」、「品牌垂直整合策略」、「品牌水平整合策略」等，**後續章節將為你逐一分析探討。（圖3）

圖3　九大品牌成長策略

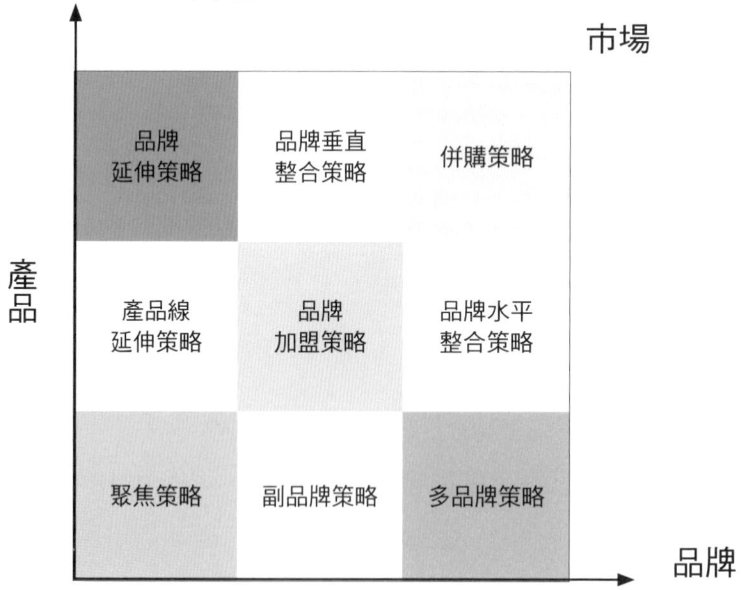

✎品牌筆記

成功的品牌擴張，至少要考慮三個條件：通過消費者的認知檢
驗、擁有雄厚的品牌資產，以及龐大的企業資源爲後盾。條件符
合愈多，成功機會愈大！

6.2　品牌聚焦策略

　　品牌大師賴茲（Al Ries）曾經說過：「破壞一個品牌最簡單的方法，就是把他的名號放在所有東西上。」品牌擴張的確是許多品牌在追求品牌成長時的重要策略，但是**一個品牌要擴張前，絕對需要先聚焦產品力，發展行銷力，建立可長可久的品牌力。**

　　一個品牌經營者在分享中表示，過去因為坐擁核心研發技術，因此，當有顧客跟它們反映需求，公司就在簡單的調查後，進行產品生產。通常認為如果新產品研發門檻不高，產品線更豐富，服務項目更多，就能吸引更多的客戶與創造更多的銷售。

　　但結果卻不然，公司最終會發現自己的產品愈多，服務項目愈多，員工及團隊配置、品項管理成本、宣傳成本等，都愈來愈高，新產品所帶來的業績卻沒有相對的成長，最後忍痛以縮減延伸品牌收場，沒想到整體業績在聚焦後反而持續成長。

　　皮爾卡登（Pierre Cardin）在台灣早期屬於評價很高的進口高級品，但卻因為跨入銷售浴室腳墊及生活用品，讓其逐漸成為沒有品牌附加價值的普通品牌；又如，acer夾帶既有品牌優勢，早年曾經踏入HiFi家庭劇院卻鍛羽而歸，喪失了一個進入影音市場的先機。高露潔，這個牙膏品牌曾經生產牛肉寬麵條、哈雷汽車推出香水等，這些品牌延伸的失敗案例不計其數。

即便是大型企業，如統一、Amway、P&G及Unilever，早年因為事業單位不斷擴充產品線，造成品牌失焦、管理困難、利潤流失，最終還是得將產品線，從數以千計的產品，減少到200~500個左右。

所以，針對資源有限的中小企業，我認為一開始專注於品牌聚焦策略是最好的方式。**所謂品牌聚焦策略，是指集中有限資源，把經營重點放在一個特定的目標市場上，為特定的購買族群，提供獨特的產品或服務。**這樣做的好處，是讓企業集中手上有限資源，精準打擊，搶佔市場，快速提升佔有率。

說到好吃的三明治，大家會想到誰？第一個進入我腦海的是洪瑞珍三明治。洪瑞珍自1947年創立以來，以三明治這個單價僅35元的古早味麵包，建立了豐厚的品牌地位，除了是台灣三明治第一品牌外，更在韓國創下單日銷售15萬份的台灣國民美食奇蹟。

你一定會覺得很奇怪，不過就是一個三明治，我家隔壁的麵包店就有，為什麼洪瑞珍可以把一個平淡無奇的產品做到第一？主要就在於其對品質的要求，鬆軟的吐司、特製火腿、恰到好處的蛋皮，搭配特調微酸的沙拉醬及香滑帶甜的奶油，讓看似平凡的三明治，有著不平凡的口感與味道，不但滿足現在社會輕食的飲食習慣，也顛覆了傳統麵包冷藏後，還需再烘烤才能食用到鬆軟口感的刻板印象。

洪瑞珍就是集中有限資源，把單一產品做到最好，是採用品牌聚焦策略很成功的案例之一。

此外，有去過美國西岸的朋友一定知道，當地最有名的速食店，不是麥當勞，不是肯德基，而是一家店數有限，菜單極其簡單的IN-N-OUT漢堡。不同於其他速食店擁有多到數不清的產品選擇，IN-N-OUT只提供三

種漢堡：漢堡、起士漢堡、與雙層起司漢堡（兩片牛肉、兩片起士）。

IN-N-OUT用的食材強調非冷凍，牛肉是新鮮冷藏、麵包是當天配送、薯條用的馬鈴薯更是在各家分店當場削皮切條的，品嘗起來的味道相當鮮甜美味，創造出跟其他速食相當不同的口感。

我在加州大學爾灣分校（UC Irvine）進修大數據預測科學，校園旁邊就有一家IN-N-OUT，每週我都要去排隊2~3次，就是為了品嘗一客IN-N-OUT漢堡，回來後甚至還會回味這個味道，IN-N-OUT無疑是一個採取品牌聚焦策略非常成功的典範。

採取品牌聚焦策略，好處包括：

（1）品牌定位清楚，更容易進入顧客品牌聯想的清單。

消費者一想到自己需要甚麼就想到你，一看到你的品牌，就快速知道你銷售的東西，例如想吃小籠包就想到鼎泰豐、想吃鳳梨酥就想到微熱山丘、想到火鍋就想到石二鍋，更容易搶佔消費者的心佔率。

（2）企業資源配置聚焦，經營效率更高。

因為品牌聚焦，企業對於後勤的供應鏈、原物料的採購、人員團隊的配置、宣傳資源的投入等，都更加直接有效。更重要的是，因為經濟規模產生的成本優勢，也會讓整體的利潤更高。

品牌聚焦的前提，是為了塑造差異化及專注度，絕對不是為了聚焦而聚焦，而是需要對市場有足夠的了解，並有一定市場規模的支撐，才能讓品牌聚焦策略可長可久。

✐品牌筆記

對資源有限的台灣中小企業，我認為一開始專注於品牌聚焦策略是最好的方式，把經營的重點放在一個特定的目標市場上，提供獨特的產品或服務。

6.3 產品線延伸策略

在品牌聚焦策略章節中提到的洪瑞珍三明治，品牌聚焦於三明治這項產品。但是，除了既有的招牌三明治口味，也推出草莓、藍莓、芝士，或在冬季推出塗上瑞士巧克力的「可可脆脆三明治」。

在既有品牌及既有產品的基礎下，不斷的發展出不同包裝、口味、配方、技術的產品，就是所謂的產品線延伸策略。

產品線延伸策略，有幾個主要的方式，包括以包裝延伸、口味延伸、包裝與口味同時延伸、製造配方進行延伸、以及以科技技術領先延伸等。

（1）以包裝延伸

透過不同的包裝大小進行產品延伸，例如可口可樂就推出各種玻璃（190mL）、鋁瓶（280mL）、寶特瓶（350mL、500mL到2,000mL的特大容量）等。很多鮮奶品牌也提供各種不同的包裝，例如230mL、290mL、400mL、1000到2000mL各種不同容量，滿足從個人、小家庭到大家庭的飲用需求。除了飲品，許多零食品牌也推出超值分享包，除了個人享用，更搶攻大家庭或團體聚會的市場區隔。

（2）以口味延伸

口味延伸是產品線延伸最常使用的方式，在既有的產品上，進行多

元口味的研發，與既有產品密切相關，又可以滿足不同顧客的口味需求。這種延伸方式不但透過品項增加，奪取市場佔有率，更搶攻有限的實體貨架空間，阻止競品加入。例如青箭口香糖推出薄荷口味的青箭（DOUBLEMINT）、水果口味的黃箭（JUICY FRUIT）、留蘭香口味的白箭（SPEARMINT）。

陪伴著許多人一起長大的乖乖，現在除了以前的五香、奶油等口味，也推出了香蕉、草莓、烤地瓜口味與關山農會聯名的米乖乖。必勝客Pizza除了海鮮、總匯、夏威夷等長青口味，也推出北平烤鴨、韓式泡菜，季節性的肉粽Pizza等，滿足各種不同口味的客群需求。

（3）以包裝與口味同時延伸

隨著消費者的喜好愈來愈個人化、競爭品牌愈來愈多元，結合包裝與口味的產品線延伸也是現在常用的延伸策略。以可樂果為例，除了最受歡迎的原味外，推出包括九層塔、辛起士等口味，但也同時提供消費者個人57g到團體400g的超值量販包等選擇。

（4）以製造配方進行延伸

企業也可因為擁有某一項專利配方或獨特的製造技術，應用此一配方或技術進入不同的產品線領域，達到延伸的目的。

例如以「你可以再靠近一點」廣告一炮而紅的SKII，以PITERA為核心製造配方，讓青春露成為不敗產品，更利用此主成分持續延伸生產各種保養產品，包括晚霜、眼霜、精華液、乳液、面膜等，都因為PITERA成為熱銷產品。此外，Dyson因為數位馬達這個核心技術，發展出高價位的

無線吸塵器，更以此製造技術擴展產品線至空氣清淨機、吹風機等。

（5）以科技技術領先延伸

技術領先也可以是產品線延伸的契機，例如玉山銀行透過既有的AI金融技術，發展出多元的AI服務，包括語音辨識、聊天機器人；AI行銷，預測顧客下一個需要的產品；AI賦能，包括理財機器人，或是不同環境下，讓顧客有不一樣的投資選擇等；AI風控，監測信用卡是否偽刷等，這些都是屬於科技技術領先的產品線延伸策略。

產品線延伸策略，主要以完整產品線進行市場細分化，以滿足不同客層的需求，達到擴張市場佔有率之目的。

採取產品線擴張策略，要避免產品功能相近又互為重疊，如果定位不清，容易瓜分原有市場，導致市場佔有率及利潤皆成長有限。此外，過多的產品線也會增加消費者選擇的難度，延長選購的時間。

所以，企業在思考產品線延伸時，除應考量消費者不同之需求外，也要考量產品之組合，以免讓消費者產生選購困擾；同時，也要盤點企業內部資源，把有限的資源做最佳化之配置。

✎ 品牌筆記

企業在思考產品線延伸時，除應考量消費者不同之需求外，也要考量品牌產品之組合，以免讓消費者產生選購困擾；同時，也要盤點企業內部資源，把有限的資源做最佳化之配置。

6.4　品牌延伸策略

　　米其林不是著名的輪胎製造商嗎，為什麼又是全球極具影響力的美食評比指標，甚至出版了米其林旅遊指南呢？而這，就是品牌延伸的案例之一。

　　所謂的品牌延伸指的是，在已有相當知名度與市場影響力的品牌基礎上，將原品牌運用到所有的產品或服務，以減少新產品或服務進入市場風險的捷徑。

　　品牌延伸策略也是擴張策略的一種，優勢在於「綜效」，因為該品牌已有相當程度的知名度，能透過公司既有的品牌忠誠客戶，降低財務壓力、上市成本及失敗風險，使企業能迅速跨足另一產品或產業，並創造新利潤，更能在品牌延伸的過程中找到一群新客戶，因而在品牌擴張的策略中得到廣泛應用[86]。

　　市場上觀察到的品牌延伸，可大致分為在原有事業的相關領域延伸，以及跨足到完全不相關的領域延伸。

（1）在原有事業的相關領域延伸

　　我觀察到規模比較小的企業，比較適合在相關的領域延伸，也比較容易成功，這也符合我在「品牌聚焦策略」提到的原則。例如，波爾茶、波

86　Brand Extension（https://bit.ly/3vKseVB）

爾口香糖、波爾礦泉水等與飲食有關，而高露潔從牙膏延伸到牙刷、漱口水、牙線等與口腔清潔有關，這些雖然是屬於不同品類，但是都在高度相關的領域延伸，包括市場、對象，甚至生產技術，連結了企業原有的核心優勢。

（2）跨足到完全不相關的領域延伸

另一種品牌延伸是跨品類，甚至跨行業，進行大幅度的延伸。**我也觀察到這種超級延伸企業，有兩個是一般企業所沒有的特徵：一是規模非常大，通常是歷史悠久的實體企業；二是資本非常雄厚，尤其是互聯網時代崛起的網路巨擘。**

實體企業以原有品牌，日積月累跨足到各個品類及行業，東方或西方都有很多代表性的經典案例。

就西方企業有美國的奇異（GE）、德國的西門子（SIEMENS）、英國的維京（Virgin）；東方的代表性企業則以日、韓為主，例如日本的東芝（TOSHIBA）、日立（HITACHI）、三菱（MITSUBISHI）、國際牌（Panasonic）、索尼（SONY）等；韓國則以各大財團的品牌為主，例如三星（SAMSUNG）、現代（HYUNDAI）、LG等代表。

以上這些企業可以定義為管理學提到的多角化經營，特色就是在一個大品牌傘之下，小至雞蛋，大到飛彈，什麼都賣，形成所謂的企業品牌或者稱為家族品牌。這類品牌通常都有相當歷史及時代背景，而且累積了足夠的經營能力及企業資源，不是一般中小企業有辦法做得到的。

來到大數據互聯網時代，企業經營無國界，再加上大量創投資金的挹注，企業的規模與想像變得無限大，那些手上握有雄厚資金的網路巨人，

可以說擴張無極限。這類企業主要以中、美兩國為主，歐洲企業幾乎棄守這個領域，在前20企業中看不到歐洲企業的影子！

美國企業以Google、Amazon、Apple、Microsoft為代表。例如Google，主要產品是Google Search，同時以搜尋引擎為基礎發展出Google Maps、Google Drive、Google Chrome、Google Scholar、Google Earth等，跨到多種不同的品類。

中國企業主要以阿里巴巴、騰訊、小米為代表。例如阿里巴巴除了電商，還有阿里雲、Alipay等；騰訊則除了社群媒體WeChat，還有WeChat Pay等。小米則以物聯網的概念，以米家APP為中心，建構了智慧家庭，只要家中想到可以連上網的產品，幾乎都有小米的足跡，例如居家保全的攝影機、電源開關、照明產品、溫濕度傳感器、廚房電器、掃地機器人、手錶、窗簾等至少跨越15個類別。

實體企業與網路巨人雖然都在進行品牌延伸，當中最大的差別就是，互聯網企業透過品牌延伸，甚至併購，建立了整個生態系，把消費者牢牢的握在手上，進一步收集用戶行為大數據，再以大數據為基礎，鞏固企業帝國。（我把它稱為帝國，因為這些品牌的市值，富可敵國，例如Amazon的市值超過5個台灣的GNP規模。）

但品牌延伸失敗例子應該更多，主因通常在於企業推出新產品時，並沒有了解品牌價值核心，導致消費者對原品牌定位模糊，甚至影響原來品牌在消費者心目中之形象，導致品牌稀釋（Brand Dilute）之現象[87]。

縱使是哈佛教案的經典案例，奇異也難逃品牌延伸多角化失敗的陷阱。2021年奇異陸續把旗下業務分拆為三家上市公司，分別負責航空、醫

---

87 品牌策略運用之關鍵解析（https://bit.ly/38NwXgd）

療保健和能源業務。奇異的百年傳奇，全盛時期市值一度高達1,300億美金，最終因為品牌過度延伸，資源分散，管理失焦，經營一落千丈，到了2018年甚至被踢出道瓊工業平均指數 （DJIA）[88]。

再來看你熟悉的日本百年企業東芝，以TOSHIBA的品牌一路從B2B的能源基礎設施、電力設備、交通系統、半導體業務，一路延伸到B2C的居家生活、電子產品等等的服務業，全球第一台筆記型電腦就是由TOSHIBA推出的。

東芝的企業發展歷程跟奇異很相似，無限制的擴張，不要說消費者不知道TOSHIBA的產品有哪些，即便投資人也不完全清楚，因此無法給予很高的市值，最終與奇異的命運相同，一拆為三[89]。

當企業進行品牌延伸，無論是垂直延伸（詳見6.9）或水平延伸（詳見6.10），無法達到預期的綜效，造成管理的成本大於效益，例如延伸事業的關聯度太低，縮小綜效，管理層變多，決策變慢，都會形成品牌延伸的負面教材。

一般企業資源有限，要採取品牌延伸策略，最好能考量目標對象的相關性及產品的相關性，那種有錢什麼都能做的事業，不是很好的選項。

（1）目標對象的相關性

對象的相關性指的是，原品牌消費者性別、年齡、文化、職業以及地域等特點跟延伸品牌的關聯性。品牌延伸中，將原品牌延伸到原有忠誠消費群或原品牌相關受眾的產品，品牌延伸較容易成功。

88　奇異、嬌生都在拆公司，多角化集團末日來了？（https://bit.ly/3w0P9uK）
89　東芝將解體？傳百年老店將拆分為三大事業，各自掛牌上市（https://bit.ly/3KQzH9U）

美國新創品牌hims以不到4年的時間，就以估值16億美元透過SPAC（特殊目的併購公司）[90]在紐交所上市，主要就在於其原本瞄準年輕男性，以訂閱制方式販售生髮水。

在不斷利用標籤了解消費者的過程中，hims發現很多訂閱戶都不好意思去醫院諮詢關於「性」的問題，因此開發出性領域健康產品，也因為目標受眾相關度高，加上線上購買的高便利性，讓這群生髮水的顧客願意「買來試試看」，現在性健康產品佔了hims營收中相當大一部分。

（2）產品的相關性

產品的相關性是指原品牌與延伸產品在技術、功能、材料、形式等方面的相互關聯程度。產品相關度愈高，消費者愈容易接受，品牌延伸也愈容易成功。例如SONY發揮其在影音產品的優勢，把消費者對影音優勢的聯想，應用到電視、照相機、攝影器材、手機、耳機、音響產品等，相對比較容易得到消費者認同與青睞。

你已經看到有許多品牌延伸的方式，但是品牌延伸到底對企業來說是減分？還是加分？以我的觀點來看，品牌延伸能夠成功，還是需要回頭檢視是否符合我在6.1中所提到品牌擴張的三個條件，分別為：要通過消費者的認知檢驗、要有雄厚的品牌資產支撐、要有龐大的企業資源為後盾。

面對資源有限的中小企業，我建議可以先採取品牌聚焦策略，待聚焦的產品站穩市場後，再從企業願景開始，符合品牌定位的原則下，逐步擴張、延伸，打造結構化的品牌延伸系統。

90　Special-purpose acquisition company（https://bit.ly/3FjfvfB）

一般企業資源有限，要採取品牌延伸策略，最好能考量目標對象的相關性及產品的相關性，那種有錢什麼都能做的事業，不是很好的選項。

6.5 副品牌策略

你知道VIOS、ALTIS、與CAMRY的差異點是甚麼嗎？這三種產品品牌的訴求客層與價格帶皆不同，但是都是由同一個母品牌TOYOTA來背書，並且共用某些零組件與製造資源，這是採取副品牌策略攻佔市場成功的典型例子。

就像可口可樂在原有品牌下推出健怡可樂（Diet Coke）、零系可口可樂（Coca Cola Zero）等，搶攻擁有健康意識的顧客群。

一個品牌通常沒有辦法涵蓋所有客層，企業運用既有的品牌優勢，垂直或水平擴展延伸副品牌，以具體的方式與母品牌產生連結，不但吸引新的購買者，更可搶攻其他產業區塊，這就是所謂副品牌策略。

很多人會誤把副品牌策略當作是多品牌策略，這當中最大的不同是多品牌策略不會在產品包裝或行銷時，刻意凸顯母品牌，而副品牌策略幾乎是把母品牌跟副品牌擺在一起，深怕別人不知道。我常常喜歡舉的例子，就是聲望很高的爸爸帶著兒子出來，說這是我兒子，請多多照顧。

你應該可以想起來，演藝圈有很多這樣的例子，子以父貴，但是兒子也很容易活在爸爸的陰影中。到底消費者認同的是這個有名望的爸爸？還是一直把這個兒子當作富二代？

實務上副品牌策略，演進到最後也可能變成是多品牌策略。例如兒子在江湖賣藝，表現太好，甚至青出於藍，這時爸爸就可以退位了。例如早

期的TOYOTA ALTIS、TOYOTA CAMRY都很成功，最後TOYOTA退位到只剩下車身上的橢圓形Logo。

P&G的多品牌洗髮精，也有類似的歷程。很早期都是包裝上有明顯的P&G，現在P&G逐漸退位到只有包裝上的小字看得到，走向了多品牌的道路。後來，因為要有效整合公司資源，在每一個洗髮精廣告的最後，會出現P&G字卡，來為這些子品牌背書。這也說明了，**品牌的策略，會隨著市場的演進、競爭的態勢，以及企業的資源，而與時俱進。**

副品牌策略，也是品牌背書 （Brand Endorsement）策略的一種形式，目的讓被背書品牌，可以獲得母品牌的資源與目標對象的認同，更快的佔有市場。

當母品牌站在第一線，例如Calvin Klein Jeans、Calvin Klein Kids、AmazonGo、Gmail等，是屬於品牌背書策略的強背書；而例如iPhone、iPods、iTunes等，則是屬於副品牌策略中的弱背書。弱背書的品牌一旦成功，也可能脫離母品牌的大傘，成為獨立品牌，例如IBM的ThinkPad，最後賣給聯想，與Lenovo形成弱背書的連結。

發展副品牌策略，有幾個市場切入點：一個是考慮公司現有的品牌，還有哪一些價格帶的缺口？二是有哪一類的客層是現在沒有的？以及是否可以跨入新的品類尋求更高的成長？無論是從哪一種角度思考，採取副品牌策略，都是為了品牌的成長。

（1）以完整價格帶涵蓋品類的品牌，可以汽車業為代表。

例如前述TOYOTA，以完整價格帶的策略，從低到高，推出VIOS、YARIS、ALTIS、CAMRY等副品牌，分別搶攻摩托車換車族群、一般上

班族、高階經理人等副品牌。

（2）以副品牌搶攻不同的客層，則以服飾品牌為代表。

例如流行服飾品牌Calvin Klein，推出Calvin Klein Jeans、Calvin Klein Kids等，爭取青少年及兒童市場；高級服飾品牌Giorgio Armani，也以Armani Jeans向下延伸，經營年輕人市場；平價服飾品牌GIORDANO，推出giordano ladies，瞄準女性小資族，進一步擴大市場。

以講究質感、華麗、成熟、動輒萬元以上起跳的RALPH LAUREN為例，推出主要鎖定16到28歲消費族群的Polo Jeans，平均單價2,000元上下，創造極佳的業績表現，也成功進入年輕人的市場。

另外，以威士忌、啤酒等酒精飲品為主的三得利（SUNTORY），針對女性市場推出微醺水果調酒（HOROYOI），更進一步延伸推出包括蜂王乳+芝麻明E、蜜露珂娜（Milcolla）膠原蛋白等多元保健食品。

（3）以考量進入沒有的類別，擴大企業的版圖。

Apple是我看過很成功採取副品牌策略的公司，即使從桌上型電腦起家，但是在品牌穩固後，快速推出多項圍繞其科技創新、時尚品味的產品類別，包括iPods音樂播放器、iPhone手機及更多的配件（手錶、耳機）、iTunes音樂服務等等。即使這些副品牌採取弱背書的概念，產品與服務也各不相同，但是基本上都藉著主品牌的優勢，一進入市場就創造出極佳的顧客評價與銷售成績。

網路巨擘Amazon從書店一路挺進到綜合電商，再發展Amazon Web Service（AWS），甚至無人商店AmazonGo等等；還有你日常生活用得到

的外送服務，例如Uber從媒合派車服務，到以Uber Eats搶攻餐飲、生鮮外送市場，都是以平台品牌跨類別經營副品牌成功的案例。

以多個副品牌的方式，進入不同的市場品類，展現了追求成長極大的企圖心與勇氣。你可以也觀察到，這種跨品類的發展，一般都是規模比較大、資源比較雄厚的企業，才有能力做到，也比較容易成功。中小企業發展副品牌策略，比較適合在原有的或高度相關的品類進行擴張。

無論是從價格、客層或品類進入副品牌的經營，這些副品牌看似獨立品牌，但是包裝上都是由母品牌正面背書，所以我把它認定為副品牌而不是多品牌，就是有名望的爸爸帶兒子出場的概念，外人都會認為兒子靠爸爸起家的。也就是消費者會不會買這個副品牌，看的還是母品牌的面子！

我觀察到以品牌追求成長的公司，最常採用策略就是產品線延伸，其次是品牌延伸，再來就是副品牌策略了。為什麼會有這樣的現象？

主要的原因是因為創建品牌不易，只要有一個品牌成功，經營者就希望把這個品牌的價值極大化，而我認為最可怕的是，有的品牌只是取得初步的成功，例如有新品牌的嘗鮮效應，經營者就開始進行各種不同的延伸，甚至進行加盟授權，而這個品牌在消費者的心中，根本還沒有穩固的品牌資產及聯想，最後導致了學術上所稱的品牌稀釋（Brand Dilute），也就是消費者無法記得這個品牌的獨特賣點是什麼（失焦），也就是沒有USP。（詳見5.1）

善用副品牌策略，企業可以快速成功打入新市場，然而副品牌組合策略也存在風險，倘若其中有一品牌不慎造成負面評價或面臨危機（例如食安、造假、意外），極可能會波及到消費者對企業所有其他品牌的觀感，甚至對於原品牌產生影響，絕對需要你更謹慎評估！

發展副品牌策略，有幾個市場切入點：一個是考慮公司現有的品牌，還有哪一些價格帶的缺口？二是有哪一類的客層是現在沒有的？以及是否可以跨入新的品類尋求更高的成長？

6.6 多品牌策略

　　你知道嗎？海倫仙度絲、沙宣、潘婷、飛柔等多個洗髮精品牌都屬於寶僑公司（P&G）。明明就都來自於同一集團，為什麼需要經營這麼多品牌，而且都是在同一品類？P&G可以說是充分發揮多品牌策略的優勢，堪稱多品牌策略的鼻祖。

　　所謂多品牌策略，主要是指企業針對同一個市場或不同市場，推出不同的品牌與產品，甚至跨足不同的品類，而這個品牌名稱與原企業或品牌沒有直接關聯，至少在宣傳上不會刻意互相背書，讓消費者以為是獨立的新品牌。

　　根據我的觀察，以多品牌策略追求成長的企業，在決策上有幾個思考的角度及切入點：

　　首先，是為了涵蓋更廣泛的消費對象，推動企業的成長。前述P&G的例子認為，單一品牌並非最好的方式。因為當一個品牌建立時間夠久，消費者容易對品牌產生固定印象，不利於市場的拓展。因此，P&G透過不斷推出新品牌，建立不同的品牌定位，例如單是在洗髮精這個品類，就有「去頭皮屑專家」的海倫仙度絲、「髮質修護」的潘婷、「秀髮光滑柔順」的飛柔、「時尚髮型雕塑」的沙宣等多個品牌，分別吸引四類不同需求的消費者，讓P&G在髮品市場中佔有不可動搖的地位。

　　其次，可以思考還有哪些品類可以發展，而這些品類是在你現有核心

能力所及。例如台灣很受女性歡迎的日本品牌資生堂（SHISEIDO），推出安耐曬（ANESSA）防曬產品，以及年輕人使用的MAQuillAGE 心機彩妝產品等，從臉部保養產品，採取多品牌策略進入防曬及彩妝產品。

天下集團原來只有天下雜誌，公司為了成長以及人員發展的需要，逐步推出康健雜誌、Cheers快樂工作人、親子天下等，各自在財經管理、健康生活、工作職場、親子教育等不同領域深耕，當然各個不同的領域也涵蓋了不同的對象，進一步擴大整體的市場規模。

國內餐飲領導企業王品集團，1993年成立王品牛排，在高價牛排市場逐漸飽和之際，採取多品牌策略，同時進行品類與價位涵蓋。在品類的部分，王品集團以原燒跨入燒肉市場、以夏慕尼跨足鐵板燒、以聚及石二鍋跨進入火鍋市場，在2003年至2015年間，為公司帶來快速的成長。

最後，就是以補足公司沒有的價格帶，作為多品牌發展的策略。再以王品為例，王品集團從客單價1,500元的王品牛排，一路往下延伸到1,000元的夏慕尼、700元的藝奇、600元的原燒、500元的西堤牛排及陶板屋、400元的聚、300元的品田及200元的石二鍋等，幾乎涵蓋了完整的價格帶。

以價格思考多品牌發展的企業，其實很多。例如五星級的晶華酒店推出捷絲旅（Just Sleep）、國賓飯店推出意舍酒店、都是從高價走向平價旅遊住宿市場。還有美國知名服飾連鎖店GAP在固守中價位市場之餘，同時往上推出BANANA REPUBLIC，以服務高價位市場；往下推出OLD NAVY，以服務價位較低的市場，提供消費者更多的選擇。

航空公司則可以說是以價位推出多品牌的業別代表，例如全日空（ANA）推出樂桃航空（Peach）、日本航空（JAL）推出捷星（Jeststar

Japan）、新加坡航空的酷航（scoot）、中華航空的虎航（tigerair）等，幾乎可以說全球主要的航空公司都有自己的廉價航空，吸引年輕的客人或對價位敏感度高的客人，以防止旅客流失。

　　企業為了成長可以採取的方法很多，但是為什麼近年來熱衷發展多品牌？根據我個人為企業建立及操盤多品牌的心得，有以下六個思考因素：

（1）　如果原有品牌是高價位，以新品牌推出較低價位的產品，不會拉低原有品牌的格調，以致傷害到原有品牌。例如高價位的王品牛排、中價位的西堤牛排。

（2）　原有品牌的定位，不足以支撐高價位產品。例如TOYOTA推出高價位的LEXUS，無論是服務或通路體系，刻意跟TOYOTA切割，企圖建立高品質、高價位的品牌形象。

（3）　企業進入不熟悉的領域，當心失敗牽連到原有品牌，故採行多品牌策略，讓每一個品牌都獨立經營。

（4）　母品牌遇到危機後，為了企業成長推出新品牌，企圖切割母品牌與新品牌的關係，降低消費者對過去事件的聯想，例如味全推出大醇豆豆漿等食品品牌，味全的角色已經降到最低。

（5）　採取多品牌策略，內部可以讓人才有升遷管道，外部可以成為危機防火牆，尤其在餐飲業很容易發生食安危機，其中一個品牌發生危機，不會誅連九族。

（6）　多品牌策略，可以做到一品牌一定位，品牌形象鮮明，市場定位明確，一來容易搶佔貨架，二來方便消費者選擇，例如P&G的各種洗髮精品牌。

常常有有企業經營者諮詢我，他想要採取多品牌策略，因為內部有很大的聲音，看到很多公司採取多品牌策略很成功（其實失敗更多，只是看不到），急著要去發展多品牌策略。

我會先瞭解這些公司想採取多品牌策略的動機，發現大部分是本業衰退，急於找到新的成長動能，認為發展新品牌好像是救世主。

通常我都會建議這些公司，重新聚焦本業，放棄多品牌的想法。因為經營團隊已經沒有用心在原有品牌的經營，顯現出產品過時、服務退步，或者形象老化等基本面的問題。

試想，如果現有的經營團隊連原來的基本面都沒有辦法管理好，更遑論人力、資源分散後，新品牌如何更成功？

事實上，這種活生生的案例很多，例如燦坤原來是3C零售通路的龍頭，2012年後營收至少連續下滑6年，這期間投資、併購增加了很多新品牌，涵蓋旅遊、餐飲、咖啡等領域，還是無法挽回頹勢。2020年後，終於看清事實，重新聚焦本業，才開始走向復甦之路[91]，給了很多盲目追求成長的企業上了寶貴的一課。

多品牌要成功，其實是要從內部的組織布局、人力安排開始。如果組織、人才都不到位，就沒有能力做好資源的調度、品牌定位、區隔客層、精準行銷。採取多品牌經營，反而增加管理難度，負擔更高費用。

如果是跨行業別的多品牌策略，更要權衡企業的經營能力，了解每一個產業都有其不同的產業特性，不同的成功關鍵因素，包括不同的消費者需求、不同的行銷管道、甚至不同的供應鏈，這些因素都需要認真的被審視與評估。

91　商業周刊1794期，2022.03

因此，企業推動多品牌策略，首先要評估本身的資源是否有能力同時經營多個品牌，還是變成企業甩不掉的負擔？其次要了解不同市場的消費者需求，定義明確的品牌定位，塑造品牌差異化，才有機會擴大客層，提升市場佔有率，為企業創造利潤。

簡言之，多品牌策略要成功，就是要有能力進行多品牌定位，因為所有的品牌都需要獨立的面對消費者，與競爭者一較長短；其次清楚的市場區隔與品牌定位，才不會造成內部競爭與排擠。[92]

✎ 品牌筆記

多品牌要成功，其實是要從內部的組織布局、人力安排開始。如果組織、人才都不到位，就沒有能力做好資源的調度、品牌定位、區隔客層、精準行銷。採取多品牌經營，反而增加管理難度，負擔更高費用。

92　Brand Strategy – Steps, Components and Why it is Important for Business（https://bit.ly/37ZkI5P）

6.7 品牌加盟策略

　　台灣隨處可見的連鎖品牌手搖飲店、便利商店、早餐店、咖啡館、健身房，完全可以看出品牌連鎖加盟的蓬勃發展。根據經濟部統計，2012年到2019年，全台連鎖加盟品牌已經從1,934家成長到2,925家，餐飲營業額從5,258億成長到8,116億元，其中光是飲料佔比就超過10分之1，去年高達994億元，預計今年將突破千億大關。

　　品牌加盟，已經成為品牌擴張或想要創業者重要的選擇。

　　品牌加盟策略，指的是品牌連鎖總公司與品牌加盟業者二者之間的持續契約關係。根據契約，品牌總公司必須提供一項獨特的品牌商業授權，並提供人員培訓、組織結構、經營管理及產品供銷等協助，品牌加盟業者則負責經營管理。

　　品牌加盟策略是一種經濟而簡便的經商之道，經由一種產品、服務與行銷方法，以最小的風險及最大的機會，獲得成功[93]。

　　品牌連鎖加盟經營之所以在全球獲得歡迎，主要是連鎖總公司透過授權品牌及經營know-how給加盟業者，複製品牌成功的模式，快速擴張市場，促進公司成長，提高市場佔有率。

　　反之，對於亟欲創業或擴張企業版圖的加盟業者，也可以達到快速吸收連鎖總部的成功經驗與專業知識，大大減少不成熟投資創業的風險，達

93　餐飲加盟（https://bit.ly/3yltksN）

到建立自有事業的目的。因此，**品牌加盟策略是1加1大於2的成長策略，有時也是強強聯盟的策略。**

品牌加盟策略，依出資比例與經營方式，可以分為特許加盟、委託加盟、自願加盟、合作加盟等多種方式。企業因規模大小、經驗能力不同，選擇不同的合作方式，各有其權利義務，非本書探討範圍。

一般而言，擁有龐大資源的企業，不會把品牌輕易授權給個人或小公司經營，會選擇門當戶對的企業進行地區或國家授權，如7-11、星巴克進入台灣市場，乃授權統一企業分別成立獨立公司經營，由於資源充裕，經得起初期的虧損，最終成為便利商店與咖啡市場的龍頭企業，貢獻母公司的成長。

對於大部分中小企業的品牌而言，資源有限，談判籌碼不多，通常給小公司、夫妻創業或個人來加盟，用螞蟻雄兵的方式，打造企業的成長策略。例如很多台灣的茶飲、甜點、咖啡品牌，在台灣或海外都採取這樣的方式，擴張企業的版圖。

台灣連鎖加盟促進協會每年都會舉辦多次的加盟展，內容涵蓋早餐、飲料、甜點、美髮、窗簾、助聽器、健身房等五花八門，吸引了無數想創業的年輕人、上班族。

我也參觀了幾次這樣的展覽，發現有的想要授權的加盟業主，事業才剛開始一、兩年，也只開出1~2家店，根基都還不穩固，加盟總部也只有老闆及幾名員工，就開始招收加盟，看了令人冷汗直流，建議加盟者一定要慎選！

品牌加盟策略的成功，關鍵在於品牌力及總部管理能力，企業的成長也才有保障。順帶一提，你如果要透過加盟創業，除了看到的品牌與產

品，最重要你要去看看及瞭解這個公司的總部健不健全，再決定是否要投資，以免辛苦的血汗錢打水漂了。

近年來連鎖加盟產業蓬勃發展，不僅改變了台灣商業、服務業的經營型態，更成為現代商業經營的重要模式，而且隨著流通業國際化，優秀連鎖品牌相繼到海外發展，例如85度 C、全家便利商店的大陸拓展、鮮芋仙到美國，均獲得一定的成績，是台灣品牌快速擴張的成長策略之一。

品牌授權不是只要找到加盟業者就萬事穩妥，隨著品牌加盟體系的擴張，總部如何監督及維繫好品牌的形象，貫徹品牌核心定位，避免被加盟業者顛覆，才不致於賺了營收成長，賠了品牌形象。

所以，想要透過品牌加盟策略追求成長的公司，一定要建立起強大的總部，這個跟經營直營店的道理是一樣的[94]。事實上，這也是台灣品牌在採取加盟成長策略時，最容易忽略之處！

✐ 品牌筆記·

> 品牌授權不是只要找到加盟業者就萬事穩妥，隨著品牌加盟體系的擴張，總部如何監督及維繫好品牌的形象，貫徹品牌核心定位，避免被加盟業者顛覆，才不致於賺了營收成長，折損了品牌形象。

94　餐飲加盟（https://bit.ly/3yltksN）

6.8 品牌併購策略

聯想（Lenovo）併購 IBM ThinkPad品牌及業務、鴻海併購日本先進面板大廠夏普（Sharp）等都是在科技業舉足輕重的併購案，不只金額驚人，所帶來的產業意義更是不同。

併購是品牌發展中，一種快速建立品牌組合的方法。簡單來說，品牌併購策略就是指企業直接買下競爭對手及其品牌，以獲得競爭對手品牌的市場地位和品牌資產，藉以增強自己的實力。[95]

企業進行併購，有時是因為本業經營遇到障礙，想要維持企業成長，就需要加入具有正面形象的品牌。 例如提起美國的菲利普·莫里斯（Philip Morris），你第一個想到的應該是萬寶路（Marlboro）香煙。然而，你可能不知道的是，大家熟知的起司品牌卡夫（Kraft）、麥斯維爾咖啡（Maxwell）以及米勒啤酒（Miller）等，竟然不是出自於食品公司，而是出自這個美國煙草大王莫里斯公司。

另外，企業透過併購，來防止新競爭者的崛起，或者補足自身市場的不足，也很常見，尤其在網路科技業，挾持龐大資本的優勢，把未來的競爭者買下來。 例如社群平台品牌facebook[96]透過併購，也同時擁有年輕人愛用的Instagram及社群通訊軟體WhatsApp等多個品牌，無論你要接觸哪

95　Brand Acquisition（https://bit.ly/3kEiLJf）
96　Facebook的母公司於2021年11月改名為Meta

一種客層，都能夠提供解決方案。

從企業發展的角度，併購是快速成長的策略。根據研究，一半以上快速成長高獲利的公司，是以併購為主。但根據統計，企業併購後，失敗率超過六成；併購當天還會讓買家股價平均跌掉7%，根本是賠了夫人又折兵[97]。

以2001年American Online以5兆台幣併購時代華納，併購一年後市值蒸發3兆，可以說是史上最大併購，但同時也是蒸發市值最高的案例。即便成功機率不高，但企業家仍樂此不疲。

在品牌經營時代，併購往往帶有品牌擴張的目的，包括：**被併購企業擁有較好的資源，有利於擴大原有品牌所涵蓋產品的生產規模；繞道貿易壁壘，快速進入其他國家和地區；透過併購消滅潛在的競爭者，同時補足企業的短板；為了建立生態圈，進行併購取得人才與專利。**

品牌併購策略根據企業發展核心優勢動機的不同，可能會採取水平併購或垂直併購，而形成「品牌垂直整合策略」或「品牌水平發展策略」。企業常見的品牌併購主要有三種形式：

（1）強勢品牌併購強勢品牌

例如1998年，德國戴姆勒──賓士併購美國克萊斯勒汽車公司，這種併購一般具有聯盟性質，通過併購可以獲得對方龐大的市場地位，從而在整個業界樹立起一個強大的品牌形象。

2019年全球最大奢侈品巨頭之一的路易威登母公司LVMH，以162億元金併購美國百年珠寶品牌Tiffany & Co.也震撼一時。LVMH 藉由併購

97　失敗機率高就不做？4個策略教你聰明併購（https://bit.ly/3P3mgqG）

Tiffany，強化集團在珠寶與腕錶的品牌陣容，達到強強品牌搶佔市場的優勢。

（2）強勢品牌併購弱勢品牌

這種方式主要是為了擴大市場佔有率和實現技術、品牌優劣互補，將市場中的各種品牌收歸到一個強勢品牌下，可以使市場競爭集中到幾個強勢品牌之間。

例如Google上市16年間，共進行243次收購，其中重要的4次關鍵的收購交易，使得Google由網路搜尋引擎服務，搖身一變為網路廣告、軟體系統、硬體產品、影片分享等多元業務體系主導網路服務市場的壟斷地位。

2005年，Google收購Android開源的作業系統，成為全球市佔率最高的智慧型手機作業系統，Google也成為智慧型手機普及後最大的贏家之一。2006年，Google斥資16.5億美元收購影片分享平台YouTube，目前從影片中的廣告收入，已經成為Google廣告業務的第二大收入來源。

2008年，Google以3億美元的價格收購網路廣告服務商DoubleClick，後者成功的將網路廣告服務與Cookies技術結合，如今每年可為Google母公司Alphabet帶來約1,000億美元的收入，佔公司總營收的80%到90%。2014年Google收購家居裝置品牌Nest，交易價格高達32億美元，將Google的業務體系從軟體系統拓展到硬體產品。[98]

台灣由於金管會鼓勵金融整併，元大金則可說是最積極併購的金控之一。從2007年，元大京華證券合併復華金控，逐步併購，成為完整的金控集團。之後，為了擴大證券的領先地位，與寶來證券合併；為了讓金控產

---

98 解構2020年全球併購風潮：五大領域重塑競爭格局（https://bit.ly/3LPuqAD）

品線完整，收購國際紐約人壽；為擴大銀行資產規模，合併大眾銀行；為了海外布局，更收購韓國東洋證券、印尼PT AmCapital Indonesia、韓國韓新儲蓄銀行、泰國KKTrade Securities Company Limited、越南第一證券聯營公司等。

元大金就是個大熔爐，經過20幾次併購，不斷適應，直至今日，躋身台灣排名前5的金控。[99]

（3）弱勢品牌併購強勢品牌

例如聯想在2014年，營收還不到500億美元，相對今日及當時的IBM仍然是一家比較小的公司，併購IBM的PC事業部，透過收購獲得IBM全球的PC業務，聯想也在很短的時間內，借助IBM ThinkPad的品牌力，強化聯想的品牌能量，最終成為全球PC品牌的領先群企業。

在21世紀的全球競爭環境中，無形的品牌資產通常佔了企業價值的一大部分，對企業來說已經是生存的命脈。因為品牌是如此重要，在併購案中，品牌價值逐漸變成是談判桌上的籌碼。

品牌鑑價在企業併購的過程中愈來愈重要，當然也是最困難的一環。「在併購案之前，了解目前的品牌策略和認清品牌價值是很重要的。」品牌顧問公司Lippincott Mercer的資深主管霍根（Suzanne Hogan）說，「不然很容易就高估或低估了品牌價值，造成往後併購的困難。」

根據管理顧問公司Bain & Co.針對全球250位專業經理人做的一份調查顯示，大部分參與過併購案的經理人，都表示在併購前最常犯的錯誤是「輕忽了整合的困難」，以及「對合併的綜效過於樂觀」。

99　元大金控併購學 如何讓1+1大於2？（https://bit.ly/3KNNT3v）

換言之，併購是品牌重要的成長策略，卻不是零合（zero sum）關係，想要成為最後的贏家，需要審慎評估。[100]

✎ 品牌筆記

在併購案之前，了解目前的品牌策略和認清品牌價值很重要，不然很容易就高估或低估了品牌價值，造成往後併購的困難。

---

100 併購，是品牌的豪賭（https://bit.ly/3LZFDP6）

6.9 品牌垂直整合策略

　　企業生產一個產品，從原料、成品到通路，最後到消費者手上會經過許多階段。如果一家公司原本負責某一階段產品的生產，而後跨入上游的原料或下游的通路經營，就是採取垂直整合策略。

　　企業可以透過向後併購其供應商、製造商，或者向前併購經銷商、通路商、品牌商等方式進行垂直整合，將過去單純商業合作帶來的不確定性與成本降到最低。但同時，垂直整合則需要相對巨大的資本投資。[101]

　　哈佛商學院教授波特（Michael Porter）在《競爭策略》一書指出：為了追求製造成本上的效率，企業可以把原先產品生產過程的分工價值鏈進行再分析，將某些企業外的生產流程環節整合進企業內部，整合成功的話，可以讓產品更容易差異化，客戶和競爭者也更難了解產品成本訊息。

　　波特也特別提到，垂直整合是一種「雙面刃」，沒有效率的整合，反而會拖累企業本身，讓企業缺乏彈性，產生「爛蘋果效應」。

　　企業採取垂直整合有不少方式，最常見的兩種為向後整合（Backward Integration），與向前整合（Forward Integration）。

　　無論是向前或向後整合，都有兩種方式：一是透過自有能力，不斷向上或向下開發新事業或新品牌，獲得企業有機成長；二是透過併購取得上、下游的事業或品牌，構成強大內部生態系，讓客戶或消費者離不開它。

101　Vertical Integration（https://bit.ly/3ybTa2d）

前者屬於傳統的垂直整合方式，整合速度慢，如果市場沒有強大的追兵可以慢慢發展；後者常見於大數據互聯網時代，應用資本市場的優勢，進入市場進行併購，達成快速成長、甩開競爭對手的目的，例如互聯網或平台品牌Google、Amazon、facebook（改名meta）、阿里巴巴、騰訊等，透過併購，構成生態系，把競爭者排除在外。

（1）向後整合

當企業選擇往生產過程的上一步進行的合併稱為向後整合，電商巨人Amazon一開始是從線上書店起家，目前已經發展成為全球最大的網購平台。平台就是線上的通路，也就是接觸消費者的最後一哩路，但是Amazon透過自行發展或者併購的手段，自己也下場打球了。

例如Amazon一方面出版電子書，另一方面也自己開實體書店，同時又透過經營網購，應用掌握大數據的優勢，開發自己的網購產品，直接跟平台上的業者競爭。

更進一步，Amazon為了發展Prime Video，於2021年宣布歷史上第二大筆併購交易，以 84.5億美元向後垂直併購握有《007》系列電影製作與版權的米高梅影業[102]，獲取米高梅知名電影作品，如龐德（James Bond）、洛基（Rocky）、機器戰警（RoboCop）和粉紅豹（Pink Panther）等優異的IP，以對抗NETFLIX、迪士尼的Disney+、HBO max和蘋果的Apple TV+等影音串流對手，期待透過併購，彎道超車。

最大影音串流平台NETFLIX，原來是透過供給面的片商及需求面的

---

102 亞馬遜豪擲84.5億美元收購米高梅，接手007系列、洛基等經典IP強化串流影音競爭力
（https://bit.ly/38YXAPy）

消費者，做起影片媒合的生意，但是為了掌握片源，也自己投資拍片，最早爆紅的就是紙牌屋 （HOUSE of CARDS），2021年則透過投資韓國的影視產業，推出魷魚遊戲 （SQUID GAME），也在全球受到廣大的迴響。

面對NETFLIX的大軍壓境，下游的影片製作公司，例如Disney、HBO也選擇回擊，反過來向上發展自己的影音平台，所以才有Disney+、HBO max。

影音平台品牌的競爭，到底是先發有優勢，還是會後發先至，拭目以待！

（2）向前整合

企業決定將生產過程的下一階段活動進行合併稱為向前整合，可以更靠近零售端，收集消費者數據，掌握消費者行為，做好銷售預測。很多B2B的企業，在大數據時代，因為沒有自有通路，數據被截斷（可能是被實體通路，也可能是電商），也會苦思如何向前整合，取得第一手的數據。

早年從販售雞肉起家的超秦集團，是全台灣第一家電宰雞肉商，長期供貨給國際速食連鎖業，之後併購下游的連鎖早餐品牌麥味登，於全台展店超過800家，前進亞洲多國。

超秦集團除了擁有肉品的成本優勢，併購後更具有通路及品牌的管理能力，之後陸續推出綠野農莊、炸機大師等受歡迎的品牌，也讓隸屬超秦集團的揚秦國際以「麥味登」為主體，成功進軍台灣資本市場。

此外，成功行銷全球50餘國的捷安特，一開始可不是從自有品牌開

始。巨大機械早期其實是專生產自行車零件，為一家外銷導向、專業代工的傳統工廠。後來在 1981年創立品牌「捷安特」打入銷售市場後，便轉向採取原始設計製造商（ODM）與自有品牌生產商（OBM）並進的策略。

捷安特除了積極在中國、荷蘭佈設製造據點，更陸續在歐洲、美國、中國、澳洲等地開設銷售子公司，搶食市場大餅。透過研發、行銷的投入，成功建立起從上游通包至下游的產業優勢，形成具備議價能力的規模經濟，可以說是垂直整合很成功的案例。[103]

從以上的例子你會發現，採取垂直整合成長策略的公司，基本上都是本業根基雄厚（例如捷安特），或者資本充裕（例如Amazon），才有能力透過向前或向後整合來壯大公司。

企業採取品牌垂直整合成長策略，做得好的話具有整合經濟效益、降低成本、取得數據、提高進入障礙、擴大市場規模、制定價格能力等優勢；做不好則有內部控制與企業間協調問題、遭遇封銷與排擠現象、管理殊異風險等缺點，在垂直整合過程中需要審慎評估。

✐品牌筆記

垂直整合是一種「雙面刃」，沒有效率的整合，反而會拖累企業本身，讓企業缺乏彈性，產生「爛蘋果效應」。

---

103 台灣單車龍頭進化史（https://bit.ly/3kKGgA8）

6.10 品牌水平發展策略

　　品牌水平發展策略，可以透過品牌延伸、副品牌策略、多品牌策略、品牌併購策略等方式，在原本品牌知名度及市場影響力之基礎下，承襲原品牌在消費者心中的地位，在同一產業不斷的推出新產品，加速消費者對新產品的接受度，以達到整體企業品牌成長之目的。

　　企業這麼做，可以快速讓品牌被看見，如果各品類消費對象具有相似性，還可以進行Up-Sales或Cross-Sales，快速擴大市場，降低進入市場的風險。

　　你還記得品牌延伸策略嗎？品牌延伸指的就是在已有相當知名度與市場影響力的品牌基礎上，將原品牌運用到所有的產品或服務，例如1990年創立的台新銀行，以台新的名義，在金融領域一路發展台新證券、台新投顧、台新投信、台新創投等。這類例子，在金融業也可以說比比皆是。

　　副品牌策略，就是同時冠上母品牌的品牌，就是我前文說的知名度高、聲望好的爸爸，帶著兒子出場，讓兒子快快的被市場認識，例如應該沒有人不知道Uber？繼Uber推出叫車服務後，乘勢推出Uber Eats美食外送服務，挾著Uber的高知名度，Uber Eats也很快成為家喻戶曉的外送平台品牌。

　　多品牌策略，則是你熟悉不過的品牌擴張方式，無論是實體品牌或線上品牌，都有非常多的例子。例如王品集團，就是信仰多品牌策略的

企業，持續在餐飲業推出王品牛排、TASTy西堤牛排、陶板屋和風創作料理、夏慕尼新香榭鐵板燒、石二鍋個人小火鍋等20多個品牌，涵蓋了各個品類及價位。

線上平台品牌當然也不遑多讓，例如全球最大的社群平台facebook（meta）、旗下還有Instagram、Messenger、WhatsApp等知名線上品牌，只是網路上的平台品牌所建立的多品牌王國，都是挾著資本優勢，透過併購取得為主。

透過併購追求品牌成長，則是大數據互聯網時代最常見的策略，幾乎你所知道的互聯網或平台品牌的巨頭，例如Amazon、Google、阿里巴巴、騰訊等，都有你所不知道的品牌，透過社群、遊戲、外送、雲端，甚至實體品牌的服務（如Amazon的Whole Foods Market）等，深深影響我們的生活。

實體企業當然也有透過併購策略來達成品牌成長、企業版圖擴張之目的，例如我原先購買的保德信壽險，一紙通知，已經變更為台新人壽，所以我現在也是台新的客戶。台新因為透過併購，快速進入新市場，未來還可以透過Up-Sales或Cross-Sales，取得綜效。企業透過併購，不只取得市場，更可以取得數據，未來如果能夠應用大數據，驅動企業的成長，就有機會進行彎道超車不善於應用數據的企業，而享有初期大數據的紅利！

品牌水平發展策略與品牌垂直整合策略，追求成長的方式類似，都可以透過品牌延伸、副品牌策略、多品牌策略、品牌併購策略等方式，兩者最大的不同，就是**品牌水平發展策略是在同一個領域、同一個產業，發揮企業的綜效；垂直整合策略則是在原先不熟悉的領域、不熟悉的產業擴張，追求整個產業供應鏈不受制於人，自己可以決定價格及生產效率。**

事實上，企業是否能如預期透過水平發展及垂直整合策略，達成品牌擴張及成長的目的？

相信你會同意，檯面下失敗的案例，遠比檯面上成功的案例多太多。當中最主要的原因，莫過於想做的事太多，能做的事有限。

企業要避免失敗的陷阱，不能只是從企業手上的資金來衡量，而必須回到本篇一開始我跟你分享的內容，也就是成功的品牌擴張，至少要考慮三個條件：通過消費者的認知檢驗、擁有雄厚的品牌資產，以及龐大的企業資源為後盾。條件符合愈多，成功機會愈大。

對於一般中小企業而言，沒有富爸爸，品牌的建立也是一磚一瓦，我所提出的這九大品牌策略，無論是多品牌策略、垂直、水平發展策略等等，都不是最好的選擇。

我在輔導企業數位轉型的過程中，可以明顯的感受到，企業因為看到其他的對手或產業，不斷的以多品牌、多角化的方式追求成長，焦慮的想要去模仿，有時是創辦人給團隊很大的壓力，有時是高階經理人提案要經營者走出去。

無論是哪一種情形，這些企業都忽略了本身的條件：是不是具有擴張的能量，或者是高估自身的能力。所以，我的任務有時是要幫助經營者去說服員工，有時更要站在客觀市場的角度去說服經營者，認清事實，聚焦本業。（笑）

所以，**我對中小企業中肯建議，最好的擴張策略就是品牌聚焦策略。**對於資源有限的公司，只要井打得夠深，石油就會噴出來。

我也喜歡用一部電影的故事比喻，企業不用汲汲營營追求遠方的黑駿馬，只要好好孕育腳下的黃金大草原，明年的春天，就有一匹黑駿馬遠道來到腳下的黃金大草原。

✐品牌筆記

我對中小企業的中肯建議，最好的擴張策略，就是品牌聚集策略。對於資源有限的公司，只要井打得深，石油就會噴出來。

https://lihi1.cc/A7xmd/book

歡迎加入LINE讀者交流社群，

我每天在這裡分享一個觀點（或一件事/一則訊息）。

NOTE

DH00391

ESG品牌創新六部曲

作　　者—高端訓、陳雅言
主　　編—林潔欣
企劃主任—王綾翊
封面設計—江孟達
排　　版—游淑萍

總 編 輯—梁芳春
董 事 長—趙政岷
出 版 者—時報文化出版企業股份有限公司
　　　　　108019臺北市和平西路3段240號3樓
　　　　　發行專線—（02）2306-6842
　　　　　讀者服務專線—0800-231-705‧（02）2304-7103
　　　　　讀者服務傳真—（02）2306-6842
　　　　　郵撥—19344724　時報文化出版公司
　　　　　信箱—10899臺北華江橋郵局第99信箱
時報悅讀網—http://www.readingtimes.com.tw
法律顧問—理律法律事務所　陳長文律師、李念祖律師
印　　刷—勁達印刷股份有限公司
一版一刷—2022年7月1日
一版四刷—2023年12月14日
定　　價—新臺幣420元
（缺頁或破損的書，請寄回更換）

ESG品牌創新六部曲／高端訓, 陳雅言著 . -- 一版. -- 臺北市：時
報文化出版企業股份有限公司, 2022.07
　　面；公分 . -

　　ISBN　978-626-335-524-8（平裝）
　　1.CST: 品牌 2.CST: 企業經營
496.14　　　　　　　　　　　　　　　　　　111007909

ISBN　978-626-335-524-8
Printed in Taiwan